智能变电站

继电保护缺陷处理手册

ZHINENG BIANDIANZHAN

JIDIAN BAOHU QUEXIAN CHULI SHOUCE

国网浙江省电力公司　组编
国网绍兴供电公司

U0299911

中国电力出版社
CHINA ELECTRIC POWER PRESS

内 容 提 要

本书共分五章，包括概述、合并单元异常缺陷处理、继电保护装置异常缺陷处理、智能终端异常缺陷处理、其它装置异常缺陷处理等内容。附录给出了智能变电站二次设备异常故障停役处理规则。

本书可作为变电运维检修人员的便携式工具用书，还可以作为检修运行人员的培训教材及现场实际缺陷处理的范本。

图书在版编目（CIP）数据

智能变电站继电保护缺陷处理手册/国网浙江省电力公司，国网绍兴供电公司组编．—北京：中国电力出版社，2017.11

ISBN 978-7-5198-1177-8

Ⅰ．①智⋯ Ⅱ．①国⋯②国⋯ Ⅲ．①智能系统－变电所－继电保护－故障修复－手册 Ⅳ．① TM63-39 ② TM77-39

中国版本图书馆 CIP 数据核字（2017）第 235201 号

出版发行：中国电力出版社
地　　址：北京市东城区北京站西街 19 号（邮政编码 100005）
网　　址：http://www.cepp.sgcc.com.cn
责任编辑：刘丽平（liping-liu@sgcc.com.cn）
责任校对：闫秀英
装帧设计：王英磊　左　铭
责任印制：邹树群

印　　刷：北京大学印刷厂
版　　次：2017 年 11 月第一版
印　　次：2017 年 11 月北京第一次印刷
开　　本：710 毫米 ×980 毫米　16 开本
印　　张：8.25
字　　数：111 千字
印　　数：0001—3000 册
定　　价：35.00 元

编 委 会

主　　任　张　亮　杨才明

副 主 任　朱　玛　裘愉涛　李　勇

委　　员　沈　祥　盛海华　王　悦　胡雪平

　　　　　魏伟明　章立宗　王志亮　丁　梁

　　　　　许海峰　茹惠东　方愉冬　潘武略

　　　　　吴嘉毅　徐灵江　周　芳

编 写 组

主　　编　朱　玛

副 主 编　李　勇　王　悦

编写人员　俞小虎　裴　军　严文斌　周戴明

　　　　　李俊华　李康毅　凌　光　顾　建

　　　　　俞　芳　肖　萍　商　钰　金渊文

　　　　　秦建松　骆亚毫　鲍凯鹏　胡志选

　　　　　苏小雷　高建军　舒　怀

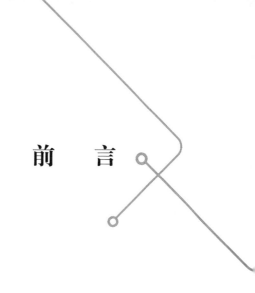

前　言

　　近年来，智能变电站相关新技术大量应用，改变了常规变电站信息交互的方式，以光缆和软件逻辑代替继电保护二次回路，以二次系统配置文件描述二次设备连接关系，使得智能变电站二次设备出现缺陷时继电保护运维人员难以迅速采取有效措施处理缺陷。为使继电保护人员快速掌握智能变电站二次设备缺陷处理措施，国网绍兴供电公司组织编写了《智能变电站继电保护缺陷处理手册》。

　　本书参照现行智能变电站技术规程等资料，全面梳理总结智能变电站二次设备在应用实践中出现的各种缺陷和处理措施。主要包括概述、合并单元异常缺陷处理、继电保护装置异常缺陷处理、智能终端异常缺陷处理、其他装置异常缺陷处理等五章内容。本书结合案例进行分析，力求概念清晰、覆盖全面、贴近实际、注重实用。

　　本书的出版，将有助于各级继电保护专业管理、检修、运维人员全面了解智能变电站继电保护常见缺陷和处理措施，可作为变电运维检修人员的便携式工具用书，指导日常缺陷处理工作，还可以作为检修运维人员的培训教材，也可以作为检修人员的现场实际缺陷处理范本，填补了智能变电站继电保护缺陷处理手册的空白，具有广泛的推广应用价值。

　　国网绍兴供电公司承担了本书的主要编著工作，国网浙江省电力公司电力调度控制中心、南瑞继保、国电南自、北京四方、长园深瑞、许继电气、中元华电等单位多位具有深厚理论基础和丰富实践经验的专业技术人员参与了本书的编写。本书编写过程中，得到了浙江省各地市公司的关心、支持和帮助。

由于编者水平有限，书中难免有疏漏和不足之处，恳请读者批评指正。

编　者

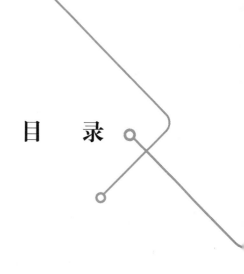

目　录

第一章

概　　述

第一节　智能变电站简介

2009 年 5 月，国家电网公司提出了立足于自主创新，以统一规划、统一标准、统一建设为原则，建设以特高压电网为骨干网架，各级电网协调发展，具有信息化、自动化、互动化特征的统一坚强智能电网的发展目标。智能变电站是统一坚强智能电网的重要基础和节点支撑。Q/GDW 383—2009《智能变电站技术导则》对智能变电站做出了明确的定义：智能变电站是采用先进、可靠、集成、低碳、环保的智能设备，以全站信息数字化、通信平台网络化、信息共享标准化为基本要求，自动完成信息采集、测量、控制、保护、计量和监测等基本功能，并可根据需要支持电网实时自动控制、智能调节、在线分析决策、协同互动等高级功能的变电站。

智能变电站的主要特征是站内信息数字化，通信全部网络化，通信模型符合 IEC 61850 标准，使各种设备和功能实现互换互用、共享统一，可概括为以下两个方面：

（1）一次设备实现智能化。由于将光电和微机技术应用于一次设备中，因此信号回路和控制回路不再繁复；光电数字和光纤也取代了常规的导线连接。而电子式互感器采用光电子器件用于传输正比于被测量的量，供给测量仪器仪表、继电保护和控制设备，并采取数字接口，所以占地小、便捷、高效且可靠。

（2）二次设备实现网络化。变电站内传统诸如继电保护装置、防误系统、测控装置、远动通信装置、故障录波器、VQC、AVC 控制、检同期装置以及状态在线检测装置等二次设备，常规装置改变为逻辑功能模块，设备之间的连接全部采用百兆光纤高速网络通信，二次设备之间通过网络真正实现数据共享、资源共享，这都是基于标准化、模块化设计制造的成果。

智能变电站与传统变电站从结构、设备和网络等方面存在诸多不同，智能变电站一次设备与常规变电站基本相同，但大量采用了在线监测装置、智能设备，能够自动实现设备操作、分析报警和远程控制等功能，减少了对人的依赖。图 1-1 和图 1-2 分别列出了常规变电站和智能变电站的典型结构。

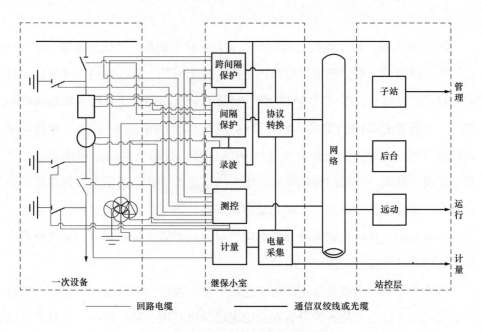

图 1-1　常规变电站典型结构示意图

区别于传统的变电站，智能变电站间隔层和站控层只是在网络接口和通信模型上有少许差异，而过程层却变化很大；常规的信号二次回路及控制回路被 GOOSE 网替换，交流回路也被 SV 网替换，运用光纤传送数字化信息。依据 IEC 61850 的规定，智能变电站的物理层可划分为过程层、间隔层和站控层，站控层和间隔层通信网为间隔层，间隔层和过程层间的通信网为过程层。遵行

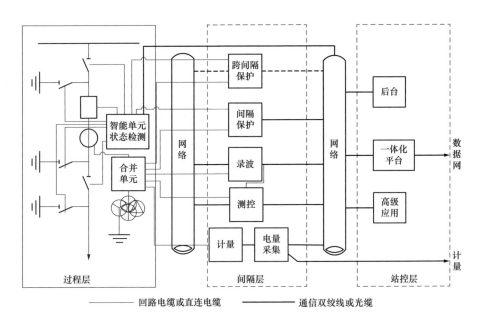

图 1-2 智能变电站典型结构示意图

IEC 61850 规约进行站控层数据传输，IEC 61850 设备能够被无障碍连接应用于后台检测及信息子站维护。另外，还配备了全套 IEC 61850 调试软件来导出满足规约要求的 SCL 文件，以实现跨厂商调试软件间的数字化传递和共享。

　　智能变电站一次设备是在常规一次设备基础上，增加了在线监测装置、智能组件，使其更加的"智能"。一次设备与二次设备通过光缆连接，减少了电缆的使用，降低了因电磁干扰和一次设备过电压造成的二次设备运行异常，提高了变电站的安全运行水平，系统的网络化提高了信息共享水平和高级应用的使用程度。

第二节　智能变电站继电保护典型配置

一、220kV 变电站典型设计

（一）220kV 变电站接线方式

主变压器：两台。

220kV 线路：6 回。

110kV 线路：8 回。

35kV 线路：4 回。

电气主接线：220kV 一次设备采用组合电器、双母线接线形式；110kV 一次设备采用组合电器、单母分段接线形式；35kV 一次设备采用开关柜安装、单母分段接线形式。

（二）220kV 变电站保护配置

1. 概述

（1）母线保护：220kV 母线保护双重化配置（例如：220kV 第一套母差保护、220kV 第二套母差保护）；110kV 母线保护单套配置（例如：110kV 母线保护）；35kV 母线保护单套常规配置（例如：35kV 母线保护）。

（2）主变压器保护：主变压器保护双重化配置（例如：1 号主变压器第一套保护、1 号主变压器第二套保护）。

（3）线路保护：220kV 线路保护双重化配置（例如：220kV 线路 1 第一套保护，220kV 线路 1 第二套保护）；110kV 线路保护单套配置。

（4）母联（母分）保护：220kV 母联保护双重化配置（例如：220kV 母联第一套保护，220kV 母联第二套保护）；110kV 母分保护单套配置。

（5）故障录波器：220kV 线路故障录波器，主变压器故障录波器，110kV 线路故障录波器。

（6）交换机配置：220kV 线路（母联）间隔双重化配置过程层交换机，110kV 线路（母分）间隔单套配置过程层交换机，主变压器按双重化配置高压侧过程层交换机、中低压侧过程层交换机，220kV 母线保护双重化配置 220kV 过程层中心交换机，110kV 母线保护单套配置 110kV 过程层中心交换机。

2. 220kV 线路保护配置

每回线路均配置 2 套包含完整主、后备保护功能的线路保护装置，各自独立组屏。合并单元、智能终端均采用双套配置，保护采用安装在线路上的电子式电流电压组合互感器（ECVT）获得电流、电压。保护所需的母线电压由母线合并单元点对点级联至间隔合并单元后转接给各间隔保护装置（直采）。线路间隔内采用保护装置与智能终端之间的点对点直接跳闸方式（直跳）。跨间隔信息（启动母差失灵功能和母差保护动作远跳功能等）采用 GOOSE 网络传输方式。220kV 单套线路保护配置方案如图 1-3 所示。

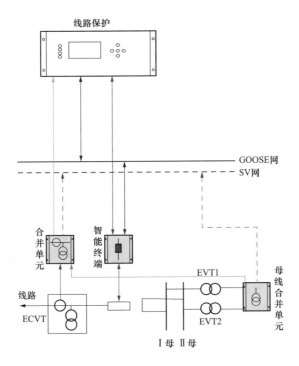

图 1-3   220kV 单套线路保护配置方案示意图

3. 220kV 母线保护配置

保护按双重化进行配置，每套保护独立组屏。母设间隔合并单元双重化配置（每套母设合并单元均同时采集正、副母电压），配置一套正母智能终端和一套副母智能终端。开入量（失灵启动、刀闸位置触点、母联断路器过流保护启动失灵、主变压器保护动作解除电压闭锁等）采用 GOOSE 网络传输。220kV 单套母线保护实施方案如图 1-4 所示（分布式方案）。

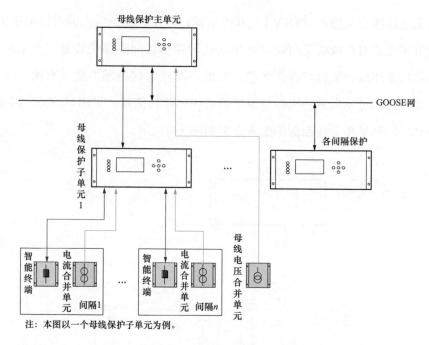

注: 本图以一个母线保护子单元为例。

图 1-4　220kV 单套母线保护配置方案示意图

4. 变压器保护配置

保护按双重化进行配置，高、中、低各侧合并单元、智能终端均采用双重化配置（低压侧采用智能终端、合并单元一体的合智一体装置）。本体配置两套合并单元、一套智能终端和非电量保护，非电量保护采用就地直接电缆跳闸，有关非电量保护时延均就地实现，本体智能终端上传非电量动作报文、调挡及接地刀闸控制信息。主变压器单套保护实施方案分别如图 1-5 和图 1-6 所示。

5. 220kV 母联保护配置

220kV 母联保护及其合并单元、智能终端均采用双套配置，220kV 单套母联保护配置方案图 1-7 所示。

6. 110kV 线路保护配置

每回线路配置单套完整的具备主、后备保护功能的线路保护装置。合并单元、智能终端采用单套配置，保护通过安装在线路上的 ECVT 获得电流、电压。110kV 线路保护配置方案如图 1-8 所示。

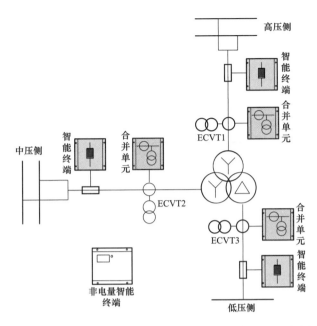

图1-5　220kV主变压器保护合并单元、智能终端配置示意图

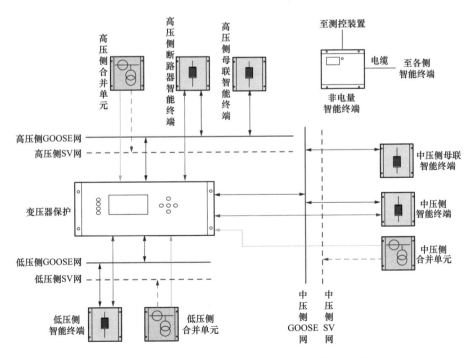

图1-6　220kV单套主变压器保护配置方案示意图

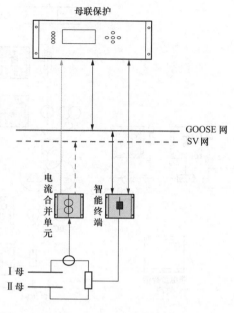

图 1-7　220kV 单套母联保护配置方案示意图

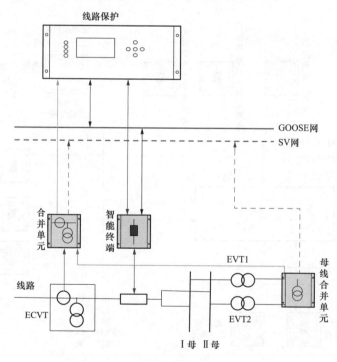

图 1-8　110kV 线路保护配置方案示意图

7. 35kV 间隔保护配置

采用保护测控一体化设备，按间隔单套配置。当一次设备采用开关柜时，保护测控一体化设备安装于开关柜内。使用常规互感器，电缆直接跳闸。35kV间隔保护配置方案图 1-9 所示。

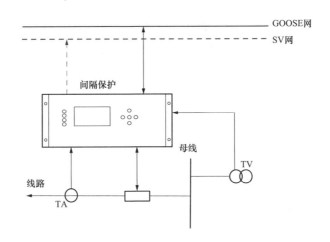

图 1-9　35kV 间隔保护配置方案示意图

二、110kV 变电站典型设计

（一）110kV 变电站接线方式

主变压器：两台。

110kV 进线：2 回。

10kV：出线 24 回，电容器组 4 台，接地变压器 2 台。

电气主接线：110kV 为内桥接线，GIS 组合电器；10kV 单母分段接线，开关柜安装。

（二）110kV 变电站保护配置

1. 变压器保护

变压器保护按双套配置，双套配置时采用主、后备保护一体化配置。各侧合并单元采用双套配置，各侧智能终端采用单套配置。

非电量保护就地直接电缆跳闸，有关非电量保护时延均在就地实现，本体智能终端上传非电量动作报文和调档及接地刀闸控制信息。

单套主变压器保护配置方案如图 1-10 所示。

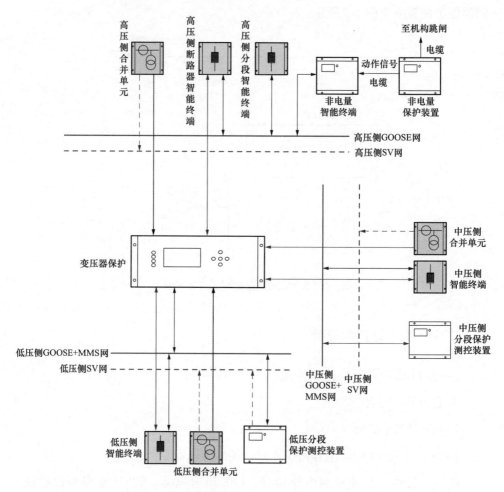

图 1-10　110kV 单套变压器保护配置方案示意图

2. 110kV 桥保护及备自投配置

110kV 桥保护采用单套配置，配置保护、测控一体化装置。110kV 桥保护跳闸采用点对点直跳，主变压器保护跳分段采用点对点直跳方式。110kV 备自投装置采用网络采样、网络跳闸方式。

第三节　智能变电站继电保护试验项目

一、合并单元试验项目和试验方法

（一）MU 发送 SV 报文检验

1. 检验内容及要求

1）SV 报文丢帧率测试。检验 SV 报文的丢帧率，10min 内不丢帧。

2）SV 报文完整性测试。检验 SV 报文中序号的连续性，SV 报文的序号应从 0 连续增加到 $50N-1$［N 为每周波采样点数，则 $50N$ 为 SV 发包速率（帧/秒）］，再恢复到 0，任意相邻两帧 SV 报文的序号应连续。

3）SV 报文发送频率测试。80 点采样时，SV 报文应每一个采样点一帧报文，SV 报文的发送频率应与采样点频率一致，即 1 个 APDU 包含 1 个 ASDU。

4）SV 报文发送间隔离散度检查。检验 SV 报文发送间隔是否等于理论值（$20ms/N$，N 为每周波采样点数）。测出的间隔抖动应在 $\pm10\mu s$ 之内。

5）SV 报文品质位检查。在互感器工作正常时，SV 报文品质位应无置位；在互感器工作异常时，SV 报文品质位应不附加任何延时正确置位。

2. 检验方法

将 MU 输出 SV 报文接入便携式电脑/网络记录分析仪/故障录波器等具有 SV 报文接收和分析功能的装置，如图 1-11 所示，进行 SV 报文检验。

图 1-11　MU 发送 SV 报文测试图

采用图 1-11 所示系统抓取 SV 报文并进行分析，具体步骤如下：

（1）SV 报文丢帧率测试方法。用图 1-11 所示系统抓取 SV 报文并进行分析，试验时间大于 10min。丢帧率计算如下：

丢帧率＝（应该接收到的报文帧数－实际接收到的报文帧数）/应该接收到的报文帧数。

（2）SV 报文完整性测试方法。用图 1-11 所示系统抓取 SV 报文并进行分析，试验时间大于 10min，检查抓取到的 SV 报文的序号。

（3）SV 报文发送频率测试方法。用图 1-11 所示系统抓取 SV 报文并进行分析，试验时间大于 10min，检查抓取到的 SV 报文的频率。

（4）SV 报文发送间隔离散度检查方法。用图 1-11 所示系统抓取 SV 报文并进行分析，试验时间大于 10min，检查抓取到的 SV 报文的发送间隔离散度。

（5）SV 报文品质位检查方法。在无一次电流或电压时，SV 报文数据应为白噪声序列，且互感器自诊断状态位无置位；在施加一次电流或电压时，互感器输出应为无畸变波形，且互感器自诊断状态位无置位。断开互感器本体与合并单元的光纤，SV 报文品质位（错误标）应不附加任何延时正确置位。当异常消失时，SV 报文品质位（错误标）应无置位。

（二）MU 失步再同步性能检验

1. 检验内容及要求

检查 MU 失去同步信号再获得同步信号后，MU 传输 SV 报文的误差。在该过程中，SV 报文抖动时间应小于 $10\mu s$（每周波采样 80 点）。

2. 检验方法

将 MU 的外部对时信号断开，过 10min 再将外部对时信号接上。通过图 1-11 所示系统进行 SV 报文的记录和分析。

（三）MU 检修状态测试

1. 检验内容及要求

MU 发送 SV 报文检修品质应能正确反映 MU 装置检修压板的投退。当检修压板投入时，SV 报文中的"test"位应置 1，装置面板应有显示；当检修压板退出时，SV 报文中的"test"位应置 0，装置面板应有显示。

2. 检验方法

投退 MU 装置检修压板，通过图 1-11 所示系统抓取 SV 报文并分析 "test" 是否正确置位，通过装置面板观察。

（四）MU 电压切换功能检验

1. 检验内容及要求

检验 MU 的电压切换功能是否正常，具体切换逻辑参见装置说明书。

2. 检验方法

给 MU 加上两组母线电压，通过 GOOSE 网给 MU 发送不同的刀闸位置信号，检查自动切换功能是否正确。

（五）MU 电压并列功能检验

1. 检验内容及要求

检验 MU 的电压并列功能是否正常，具体并列逻辑请参见装置说明书。

2. 检验方法

给母设间隔合并单元接入一组母线电压，将电压并列把手拨到相邻的两母线并列状态，通过合并器后端设备观察显示的两组母线电压，其幅值、相位和频率均一致，电压间隔合并单元同时显示并列前的两组母线电压。

（六）MU 准确度测试

1. 检验内容

该测试针对电磁式互感器配置的合并单元，检查 MU 的零漂，通过低值、高值、不同相位等采样点检查 MU 的精度是否满足技术条件的要求。

2. 检验方法

用继电保护测试仪给 MU 输入交流模拟量（电流、电压），读取 MU 输出数值，与继电保护测试仪输入数值比较计算精度。

（七）MU 传输延时测试

1. 检验内容

该测试针对电磁式互感器配置的合并单元，检查 MU 接收交流模拟量到输出交流数字量的时间，要求同电子式互感器采样延时。

2. 检验方法

用继电保护测试仪给 MU 输入交流模拟量（电流、电压），通过电子式互感器校验仪或故障录波器同时接收 MU 输出数字信号与继电保护测试仪输出模拟信号，计算 MU 传输延时。

（八）MU 极性测试

1. 检验内容

检查 MU 接收交流模拟量到输出交流数字量的极性是否正确。

2. 检验方法

将干电池正、负极在 MU 输入交流模拟量（电流、电压）前用铜线搭接一下迅速断开，通过手持式测试仪接收 MU 输出数字信号。如果测试仪指针正偏，说明是正极性；如果指针反偏，说明是反极性。

二、智能终端试验项目和试验方法

（一）动作时间测试

1. 检验内容及要求

检查智能终端响应 GOOSE 命令的动作时间。测试仪发送一组 GOOSE 跳、合闸命令，智能终端应在 7ms 内可靠动作。

2. 检验方法

由测试仪分别发送一组 GOOSE 跳、合闸命令，并接收跳、合闸的触点信息，记录报文发送与硬节点输入时间差。测试方案如图 1-12 所示。

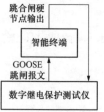

图 1-12 智能终端动作
时间测试接线图

（二）传送位置信号测试

1. 检验内容及要求

智能终端应能通过 GOOSE 报文准确传送开关位置信息，开入时间应满足技术条件要求。

2.检验方法

通过数字继电保护测试仪分别给智能终端输出相应的电缆分、合信号,再接收智能终端发出的 GOOSE 报文,解析相应的虚端子位置信号,观察是否与实端子信号一致,并通过继电保护测试仪记录开入时间。测试方案如图 1-13 所示。

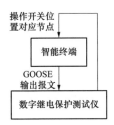

图 1-13　智能终端传送
位置信号测试接线图

(三) SOE 分辨率测试

1.检验内容及要求

智能终端的 SOE 分辨率应不大于 1ms。

2.检验方法

使用时钟源给智能终端对时,同时将 GPS 对时信号接到智能终端的开入,通过 GOOSE 报文观察智能终端发送的 SOE。

(四) 检修测试

1.检验内容及要求

智能终端检修置位时,发送的 GOOSE 报文"TEST"应为 1,应响应"TEST"为 1 的 GOOSE 跳、合闸报文,不响应"TEST"为 0 的 GOOSE 跳、合闸报文。

2.检验方法

投退智能终端"检修压板",察看智能终端发送的 GOOSE 报文,同时由测试仪分别发送"TEST"为 1 和"TEST"为 0 的 GOOSE 跳、合闸报文。

三、保护装置试验项目和试验方法

(一) 直流逆变电源性能检查

1.检验内容及要求

(1) 正常工作状态下检验:装置正常工作。

(2) 110%额定工作电源下检验:装置稳定工作。

(3) 80%额定工作电源下检验:装置稳定工作。

（4）电源自启动试验：合上直流电源插件上的电源开关，将试验直流电源由零缓慢调至 80% 额定电源值，此时装置运行灯应燃亮，装置无异常。

（5）直流电源拉合试验：在 80% 直流电源额定电压下拉合三次直流工作电源，逆变电源可靠启动，保护装置不误动、不误发信号。

（6）装置断电恢复过程中无异常，通电后工作稳定正常。

（7）在装置上电掉电瞬间，装置不应发异常数据，保护不应误动作。

2. 直流电源自启动能力测试

测试方法：把直流电源调到 80% 额定直流电压后冲击加入，装置电源应能自启动。

直流电源缓慢上升时的自启动性能检验：合上装置电源开关，试验直流电源由零缓慢上升至 $80\%U_N$。此时，面板上的"运行"绿灯应常亮，直流消失装置闭锁触点打开。

注意：保护装置在直流电源由零缓慢上升至 $80\%U_N$ 的过程中，保护装置会发"开出异常"报告和"告警"信号，需将保护装置在直流电源为 $80\%U_N$ 以上时重新上电，"告警"信号才可复位。

3. 直流电源缓升缓降试验

缓升：合上装置电源开关，试验直流电源缓慢从零上升到额定值；

缓降：在从额定值缓慢降到零。

合格判据：缓升中保护装置应能完成上电自检。液晶面板应能有显示，并且自检状态正确。在缓升和缓降过程中无保护误动信号和出口。

4. 逆变电源的直流拉合试验

要求合上开关，光纤通道采用自环方式，在电压回路加上额定电压值，在电流回路加入差动启动值的 0.95 倍电流（建议临时提高差动启动电流值），此实验需在保护装置上应无任何告警信号时进行。连续断开、合上电源开关几次，"运行"绿灯应能相应地熄灭、点亮，在拉合过程中合上的开关不跳闸，在保护装置和监控后台上无保护动作信号。

5. 直流电源稳定性测试

测试方法：直流电源分别调至 80％、100％、110％额定电压值，模拟保护动作。

合格判据：保护装置应能正确动作出口。

（二）交流量精度检查

1. 检验内容及要求

（1）零点漂移检查。模拟量输入的保护装置零点漂移应满足技术条件的要求。

（2）各电流、电压输入的幅值和相位精度检验。检查各通道采样值的幅值、相角和频率的精度误差，满足技术条件的要求。

（3）同步性能测试。检查保护装置对不同间隔电流、电压信号的同步采样性能，满足技术条件的要求。

2. 检验方法

将保护装置的 SV 接收软压板投入，并在试验过程中保持仪器输出的 SV 报文检修位始终与保护装置的检修状态压板位置一致。

（1）零漂检验。进行零漂检验时要求保护装置不输入交流量。进行三相电流、零序电流和三相母线电压、零序电压、（即 I_a、I_b、I_c、$3I_0$、U_a、U_b、U_c、$3U_0$）的零点漂移检验，记录零点漂移数据。检验零点漂移时，要求在一段时间（5min）内零点漂移满足技术条件的规定。

（2）幅值特性检验。在试验仪器上导入对应的 SCD 并完成 SV 的配置，将 SV 输出光口与保护直采口连接，同时，用加三相电压和三相电流（I_a、I_b、I_c、$3I_0$、U_a、U_b、U_c）的方法检验三相电压和三相电流的采样数据。

调整输入交流电压为 60、30、5、1V，输入电流为 $5I_N$、$2I_N$、I_N、$0.1I_N$，观察保护装置的采样显示值，应满足技术条件的规定。

（3）相位特性检验。试验方法同上，在额定电压和电流 $0.1I_N$ 时，记录 0°、120°相角测量值，观察保护装置的采样显示值，应满足装置技术条件的规定。

注意：在试验过程中，如果交流量的测量误差超过要求范围时，应首先检查表示额定交流电流是 5A 或 1A 的控制字选择是否和面板上标识的 TA 电流是否相符，再检查试验接线、试验方法、外部测量表计等是否正确完好，试验电流有无波形畸变。

（三）采样值品质位无效测试

1. 检验内容及要求

（1）采样值无效标识累计数量或无效频率超过保护允许范围，可能误动的保护功能应瞬时可靠闭锁，与该异常无关的保护功能应正常投入，采样值恢复正常后被闭锁的保护功能应及时开放。

（2）采样值数据标识异常应有相应的掉电不丢失的统计信息，装置应采用瞬时闭锁延时报警方式。

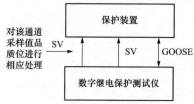

图 1-14　采样值数据标识
异常测试接线图

2. 检验方法

通过数字继电保护测试仪按不同的频率将采样值中部分数据品质位设置为无效，模拟合并单元发送采样值出现品质位无效的情况，如图 1-14 所示。

（四）采样值畸变测试

1. 检验内容及要求

在保护双 A/D 采样的情况下，一路采样值畸变时，保护装置不应误动作，同时发告警信号。

2. 检验方法

通过数字继电保护测试仪模拟电子式互感器双 A/D 保护采样值中的部分数据并进行畸变放大，畸变数值大于保护动作定值，同时品质位有效，模拟一路采样值出现数据畸变的情况。测试方案如图 1-15 所示。

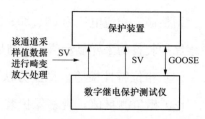

图 1-15　采样值数据畸变测试接线图

（五）通信断续测试

1. 检验内容及要求

（1）合并单元与保护装置之间的通信断续测试：

1）合并单元与保护装置之间 SV 通信中断后，保护装置应可靠闭锁，保护装置液晶面板应提示"SV 通信中断"且告警灯亮；

2）在通信恢复后，保护功能应恢复正常，保护区内故障保护装置可靠动作并发送跳闸报文，区外故障保护装置不应误动，保护装置液晶面板的"SV 通信中断"报警消失。

（2）智能终端与保护装置之间的通信断续测试：

1）保护装置与智能终端的 GOOSE 通信中断后，保护装置不应误动作，保护装置液晶面板应提示"GOOSE 通信中断"且告警灯亮；

2）当保护装置与智能终端的 GOOSE 通信恢复后，保护装置不应误动作，保护装置液晶面板的"GOOSE 通信中断"消失。

2. 检验方法

通过数字继电保护测试仪模拟合并单元与保护装置以及保护装置以与智能终端之间的通信中断、通信恢复，并在通信恢复后模拟保护区内外故障。测试方案如图 1-16 所示。

图 1-16　通信断续
测试接线图

（六）采样值传输异常测试

1. 检验内容及要求

采样值传输异常导致保护装置接收采样值通信延时、合并单元间采样序号不连续、采样值错序及采样值丢失数量超过保护设定范围，相应保护功能应可靠闭锁。以上异常未超出保护设定范围或恢复正常后，保护区内故障保护装置可靠动作并发送跳闸报文，区外故障保护装置不应误动。

2. 检验方法

通过数字继电保护测试仪调整采样值发送延时、采样值序号等方法，模拟

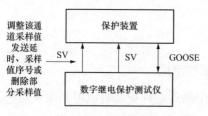

图 1-17 采样值传输异常测试接线图

保护装置接收采样值通信延时增大、发送间隔抖动大于 $10\mu s$、合并单元间采样序号不连续、采样值错序及采样值丢失等异常情况，并模拟保护区内外故障。测试方案如图 1-17 所示。

（七）检修状态测试

1. 检验内容及要求

（1）保护装置输出报文的检修品质应能正确反映保护装置检修压板的投退。保护装置检修压板投入后，发送的 MMS 和 GOOSE 报文检修品质应置位，同时面板应有显示；保护装置检修压板打开后，发送的 MMS 和 GOOSE 报文检修品质应不置位，同时面板应有显示。

（2）输入的 GOOSE 信号检修品质与保护装置检修状态不对应时，保护装置应正确处理该 GOOSE 信号，同时不影响运行设备的正常运行。

（3）在测试仪与保护检修状态一致的情况下，保护动作行为正常。

（4）输入的 SV 报文检修品质与保护装置检修状态不对应时，保护应报警并闭锁。

2. 检验方法

通过投退保护装置检修压板来控制保护装置 GOOSE 输出信号的检修品质，或通过数字继电保护测试仪控制输入给保护装置的 SV 和 GOOSE 信号检修品质。通过抓包报文分析来确定保护发出的 GOOSE 信号检修品质的正确性。测试方案如图 1-18 所示。

（八）软压板检查

1. 检查内容

检查设备的软压板设置是否正确，软压板功能是否正常。软压板包括 SV

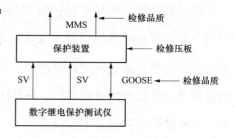

图 1-18　GOOSE 检修
状态测试接线图

接收软压板、GOOSE 接收/出口软压板、保护功能软压板等。

2. 检查方法

（1）SV 接收软压板检查。通过数字继电保护测试仪给设备输入 SV 信号，投入 SV 接收软压板，设备显示 SV 数值精度应满足要求；退出 SV 接收软压板，设备显示 SV 数值应为 0，无零漂。

（2）GOOSE 开入软压板检查。通过数字继电保护测试仪给设备输入 GOOSE 信号，投入 GOOSE 接收压板，设备显示 GOOSE 数据正确；退出 GOOSE 开入软压板，设备不处理 GOOSE 数据。

（3）GOOSE 开出软压板检查。投入 GOOSE 输出软压板，设备发送相应的 GOOSE 信号；退出 GOOSE 输出软压板，模拟保护元件动作，应该监视到正确的相应保护未跳闸的 GOOSE 报文。

（4）保护元件功能及其他压板。投入/退出相应软压板，结合其他试验检查压板投退效果。

（九）开入、开出端子信号检查

1. 检查内容

检查开入、开出实端子是否正确显示当前状态。

2. 检查方法

根据设计图纸，投退各个操作按钮、把手、硬压板，查看各个开入、开出量状态。

（十）虚端子信号检查

1. 检查内容

检查设备的虚端子（SV/GOOSE）是否按照设计图纸正确配置。

2. 检查方法

（1）通过数字继电保护测试仪加输入量或通过模拟开出功能使保护设备发出 GOOSE 开出虚端子信号，抓取相应的 GOOSE 发送报文分析，或通过保护测试仪接收相应 GOOSE 开出，以判断 GOOSE 虚端子信号是否能正确发送。

（2）通过数字继电保护测试仪发出 GOOSE 开出信号，通过待测保护设备的面板显示来判断 GOOSE 虚端子信号是否能正确接收。

（3）通过数字继电保护测试仪发出 SV 信号，通过待测保护设备的面板显示来判断 SV 虚端子信号是否能正确接收。

（十一）保护 SOE 报文的检查

1. 检查内容

检查上送到变电站后台和调度端的保护装置动作、告警报文是否正确。

2. 检查方法

传动继电保护动作，在变电站后台和调度端读取继电保护装置报文的时标和内容是否与继电保护装置发出的报文一致。应注意：要采用传动继电保护动作逐一发出单个报文进行检查。

四、交换机试验项目和试验方法

（一）交换机检验

1. 配置文件检查

检查交换机的配置文件，是否变更。

2. 检验方法

读取交换机的配置文件，与历史文件比对。

（二）以太网端口检查

1. 检验内容及要求

检查交换机以太网端口设置、速率、镜像是否正确。

2. 检验方法

（1）通过便携式电脑读取交换机端口设置。

（2）通过便携式电脑以太网抓包工具检查端口各种报文的流量是否与设置相符。

（三）VLAN 设置检查

1. 检验内容及要求

检查交换机内部的 VLAN 设置是否与要求一致。

2. 检验方法

（1）通过客户端工具或者任何可以发送带 VLAN 标记报文的工具，从交换机的各个口输入 SV/GOOSE 报文，检查其他端口的报文输出 VLAN 的 ID 号。

（2）通过读取交换机 VLAN 配置的方法进行检查。

（四）网络流量检查

1. 检验内容及要求

检查交换机的网络流量是否符合技术要求。

2. 检验方法

通过网络记录分析仪或便携式电脑读取交换机的网络流量。过程层网络根据 VLAN 划分选择交换机端口读取网络流量，站控层网络根据选择的镜像端口读取网络流量。

（五）数据转发延时检验

1. 检验内容及要求

传输各种帧长数据时交换机交换时延应小于 $10\mu s$。

2. 检验方法

采用网络测试仪进行测试。

（六）丢包率检验

1. 检验内容及要求

交换机在全线速转发条件下，丢包（帧）率为零。

2. 检验方法

采用网络测试仪进行测试。

第四节　智能变电站继电保护缺陷检查方法

一、检修人员缺陷处理检查方法

　　检修人员在处理智能变电站继电保护缺陷时，可以从缺陷处理前、缺陷处理工作许可前、缺陷处理工作中、缺陷定位后、缺陷处理后等环节重点把控、逐步深入，具体流程图如图 1-19 所示。

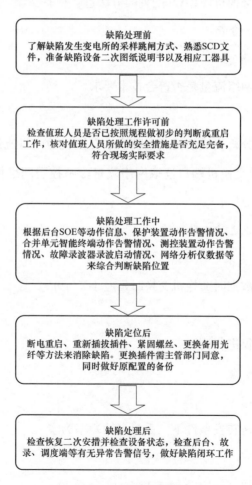

缺陷处理前
了解缺陷发生变电所的采样跳闸方式、熟悉SCD文件，准备缺陷设备二次图纸说明书以及相应工器具

缺陷处理工作许可前
检查值班人员是否已按照规程做初步的判断或重启工作，核对值班人员所做的安全措施是否充足完备，符合现场实际要求

缺陷处理工作中
根据后台SOE等动作信息、保护装置动作告警情况、合并单元智能终端动作告警情况、测控装置动作告警情况、故障录波器录波启动情况、网络分析仪数据等来综合判断缺陷位置

缺陷定位后
断电重启、重新插拔插件、紧固螺丝、更换备用光纤等方法来消除缺陷。更换插件需主管部门同意，同时做好原配置的备份

缺陷处理后
检查恢复二次安措并检查设备状态，检查后台、故录、调度端等有无异常告警信号，做好缺陷闭环工作

图 1-19　消缺流程图

二、检修安全措施原则

为保证检修装置与运行装置的安全隔离，智能变电站继电保护作业的安全措施应该遵循以下原则：

（1）间隔二次设备检修时，原则上应停役一次设备，并与运行间隔做好安全隔离措施。

（2）双重化配置的二次设备仅单套装置（除合并单元）发生故障时，可不停役一次设备进行检修处理，但应防止无保护运行。

（3）智能终端出口硬压板、装置间的光纤插拔可实现具备明显断点的二次回路安全措施。

（4）由于断开装置间光纤的安全措施存在着检修装置试验功能不完整、光纤接口使用寿命缩减、正常运行装置逻辑受影响等问题，作业现场应尽量避免采用断开光纤的安全措施。"三信息"比对的安全措施隔离技术可以代替光缆插拔的二次回路安全措施隔离技术。

（5）通过"三信息"比对或安全措施可视化界面核对检修装置（新上装置）、相关联的运行装置的检修状态以及相关软压板状态等信息，确认安全措施执行到位后方可开展工作。

（6）对于确实无法通过退软压板停用保护且与之关联的运行装置未设置接收软压板的 GOOSE 光纤回路，可采取断开 GOOSE 光纤的方式实现隔离，不得影响其它装置的正常运行。断开 GOOSE 光纤回路前，应对光纤做好标识，取下的光纤用相保护罩套好光接头，防止污染物进入光器件或污染光纤端面。

（7）双重化配置间隔中，单一元件异常处置原则：保护装置异常时，放上装置检修压板，重启装置一次；智能终端异常时，取下出口硬压板，放上装置检修压板，重启装置一次。间隔合并单元异常时，放上装置检修压板，重启装置一次。以上装置重启后若异常消失，将装置恢复到正常运行状态；若异常没有消失，保持该装置重启时状态，必要时申请停役一次设备（见厂站运行规程）。

（8）处理装置异常后需进行补充试验，确认装置正常、配置及定值正确；保持装置检修压板处于投入状态、发送软压板处于退出状态后，接入光缆；检查通信链路恢复、传动试验正常后装置方可投入运行。

（9）GOOSE 交换机异常时，重启一次。更换交换机后，需确认交换机配置与原配置一致、相关装置链路通信正常。

三、缺陷通用判断方法

（一）GOOSE 断链判别方法

通过后台 GOOSE 链路二维表、后台信号等来确认具体是哪个装置报 GOOSE 断链，通过查看信息流来确认装置接收 GOOSE 信号是直连还是通过网络。

1. GOOSE 点对点连接

在 GOOSE 点对点连接情况下，一般为发送侧问题、光纤问题、接收侧问题三种情况。条件允许时可以通过断开光纤抓包、测光功率的方法来确定具体是哪侧问题引起的 GOOSE 断链。

2. GOOSE 网络连接

在 GOOSE 网络连接情况下，一般分为发送侧问题、发送侧到交换机光纤问题、交换机问题、交换机到接收侧光纤问题、接收侧问题五种情况。可以通过抓取交换机备用光口报文、网络分析仪来初步判断 GOOSE 断链发生处，条件允许时可以断开中间各回路光纤抓包来确认。

（二）对时异常判别方法

对时异常一般分为装置本身的问题和对时信号异常两种情况，首先确认装置的对时方式：B 码光纤对时、直流 B 码对时、网络对时等。

（1）B 码光纤对时异常时，可以通过测光功率、换备用光纤等方法来查缺陷，可用时钟分析仪直接读取 B 码报文来确认是装置对时问题还是对时信号问题。

（2）直流 B 码对时异常时，可以通过万用表测 B 码信号是否有跳变、换备用线、接入相邻正常直流 B 码信号等方式来查缺陷，可用时钟分析仪直接采集直流 B 码报文来确认是装置对时问题还是对时信号问题。

（3）网络对时异常时，可以通过查看相邻其他网络对时方式装置是否异常，备用网线直连等方式来查缺陷，可用时钟分析仪直接采集网络对时信号来确认是装置对时问题还是对时信号问题。

（4）对时信号全都不正常时，一般是因对时信号源异常引起的，比如对时天线、主钟、扩展钟等问题。

（5）确认对时信号正常时，只能怀疑装置本身的问题，重启装置或更换插件即可以消除缺陷。

（三）双 AD 采样不一致判别方法

双 AD 采样不一致发生时，一般保护装置会告警。特殊情况下，保护装置告警会被其他信号覆盖或电流采样值较小时，保护装置曾经发生过双 AD 采样不一致告警后又复归这类情况。

目前，保护装置采样值显示中有些厂家能看到两路 AD 采样值。简单比较两路采样值，若基本一致，可认为双 AD 采样正确。部分厂家在保护面板中不显示双 AD 具体的采样值，只能通过查看告警信息来判断保护装置是否有双 AD 采样不一致的告警。

其他方法：通过故障录波器的波形可以具体看每路的 AD 采样；通过网络分析仪记录的报文来分析；通过测试仪抓包等方法来判断。

当判断出双 AD 采样不一致这类缺陷时，采用抓包或其他运行间隔信息来判断是保护装置采样的问题还是合并单元的问题。一般以合并单元问题为主，需联系厂家更换合并单元采样插件或 CPU 插件来消缺。在变电站投运或大修时应特别注意查看保护装置的两路 AD 采样。

（四）设备通信接口检查

1. 检验内容及要求

（1）检查通信接口种类和数量是否满足要求，检查光纤端口发送功率、接收功率、最小接收功率。

（2）光波长 1310nm 光纤：光纤发送功率，$-20\sim-14$dBm；光接收灵敏度，$-31\sim-14$dBm。

（3）光波长 850nm 光纤：光纤发送功率，$-19\sim-10$dBm；光接收灵敏度，$-24\sim-10$dBm。

（4）光纤衰耗检验：1310nm 和 850nm 光纤回路（包括光纤熔接盒）的衰耗不应大于 3dB。

（5）清洁光纤端口，并检查备用接口有无防尘帽。

2. 检查方法

（1）光纤端口发送功率测试方法。用一根跳线（衰耗小于 0.5dB）连接设备光纤发送端口和光功率计接收端口，读取光功率计上的功率值，见图 1-20，即为光纤端口的发送功率。

（2）光纤端口接收功率测试方法。将待测设备光纤接收端口的尾纤拔下，插入到光功率计接收端口，读取光读取光功率计上的功率值，见图 1-21，即为光纤端口的接收功率。

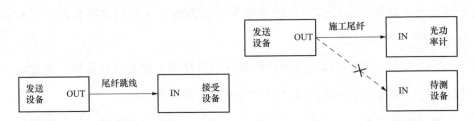

图 1-20　光纤端口发送功率检验方法　　图 1-21　光纤端口接收功率检验方法

（3）光纤端口最小接收功率测试方法。

1）用一根跳线连接数字信号输出仪器（如数字继电保护测试仪）的输出网

口与光衰耗计，再用一根跳线连接光衰耗计和待测设备的对应网口，见图1-22。数字继电保护测试仪网口输出报文包含有效数据（采样值报文数据为额定值，GOOSE报文为开关位置）。

图1-22　光纤端口最小接收功率检验方法步骤1

2）从0开始缓慢增大光衰耗计衰耗，观察待测设备液晶面板（指示灯）或网口指示灯。优先观察液晶面板的报文数值显示。如设备液晶面板不能显示报文数值，观察液晶面板的通信状态显示或通信状态指示灯；如设备面板没有通信状态显示，观察通信网口的物理连接指示灯。

3）当上述显示出现异常时，停止调节光衰耗计，将待测设备网口跳线接头拔下，插到光功率计上，读出此时的功率值，即为待测设备网口的最小接收功率，见图1-23。

图1-23　光纤端口最小接收功率检验方法步骤2

（4）光纤衰耗检验方法。

1）检验方法1：用待测光纤连接发送端口的发送功率减去接收端口的接收功率，得到待测光纤的衰耗。

2）检验方法2：首先用一根尾纤跳线（衰耗小于0.5dB）连接光源和光功率计，记录下此时的光源发送功率，见图1-24。然后将待测试光纤分别连接光源和光功率计，记录下此时光功率计的功率值。用光源发送功率减去此时光功率计功率值，得到测试光纤的衰耗值，见图1-25。

图 1-24　光源功率测试方法　　　　　图 1-25　光源功率测试方法

（五）光纤回路检验

（1）检验方法。

1）离线检验：拔插待测光纤一端的通信端口，观察其对应另一端的通信接口信号灯是否正确熄灭和点亮；采用激光笔，照亮待测光纤的一端而在另外一端检查正确性。

2）在线检验：通过装置面板的通信状态检查光纤通道连接的准确性。

（2）光纤回路外观检查。

1）检验内容及要求：光纤尾纤应自然弯曲（弯曲半径大于 3cm），不应存在弯折、窝折的现象，不应承受任何外重，尾纤表皮应完好无损；尾纤接头应干净无异物，如有污染应立即清洁干净；尾纤接头连接应牢靠，不应有松动现象。

2）检验方法：打开屏柜前后门，观察待检查尾纤的各处外观；尾纤接头的检查应结合其他试验进行（如光纤接口发送功率检查），不应单独进行。

第二章

合并单元异常缺陷处理

第一节 合 并 单 元 概 述

合并单元（merging unit，MU）是针对数字化输出的电子式互感器而设计的，是数字化输出接口的重要组成部分，在 IEC 60044-8 传输标准（简称 FT3 报文）和 IEC 61850《变电站网络与通信协议》第九章第二部分中对其进行了规范。它的主要作用是同步采集互感器输出的三相电流和电压的数字信息，经过组帧处理后，按照一定的格式通过光纤或导线输送给二次保护和控制设备。

合并单元的典型结构包括同步功能、多路数据采集和处理功能、串口发送功能三个模块。

（1）同步功能模块。由于是基于数字量的通信，当保护装置需要多个合并单元提供的电流、电压信息时，必须解决合并单元之间的同步问题。内部晶振时钟提供的时钟信号不是很准确，经过多个周期的累积，可能会造成相位误差和幅值误差逐渐扩大的问题。为了解决这个问题，同步功能模块利用同步时钟源对其内部时钟进行校正控制，即每秒钟对数据采集处理模块进行一次同步对齐，从而保证变电站二次设备需要的各采样数据是在同一个时间点上获取。

（2）多路数据采集和处理功能模块。在合并单元给多路 A/D 转换器发送同步转换信号后，将同时接受电流、电压通道的输出数据并对其有效性进行校验。此外，合并单元还需要对这些数据进行正确排序并输出给串口发送功能模块。

（3）串口功能发送模块。该模块将各路采样值数据进行组帧并发送给保护、测量设备。

目前，一般采用常规互感器结合合并单元模式（transformer&MU，简称TMU模式）的方式，即增加了A/D转换功能，相当于将保护测控装置的A/D转换功能前移到合并单元，减少互感器的二次绕组数量。

常见的合并单元异常信号如表2-1所示。

表2-1　　　　　　　　　　合并单元异常信号一览表

设备	故障信号
母线合并单元	装置故障：装置故障（硬触点）、装置自检异常
	装置异常：运行异常（硬触点）、运行异常、遥信电源消失
	电压并列异常：电压并列异常、把手强制信号状态异常
	SV总告警：SV配置错误、SV链路中断、SV数据异常、SV检修不一致、采样异常、MU发送品质无效
	GOOSE总告警：GOOSE检修不一致、GOOSE配置错误、GOOSE链路中断、GOOSE数据异常
	同步异常：同步信号中断、对时异常、失步
线路合并单元	装置故障：装置故障（硬触点）、装置自检异常
	装置异常：运行异常（硬触点）、运行异常、遥信电源消失
	SV总告警：SV配置错误、SV链路中断、SV数据异常、SV检修不一致、采样异常、MU发送品质无效、MU接收品质无效
	GOOSE总告警：GOOSE检修不一致、GOOSE总告警、GOOSE配置错误、GOOSE链路中断、GOOSE数据异常
	电压切换异常：TV切换同时动作、TV切换同时返回、刀闸位置异常
	同步异常：同步信号中断、对时异常

第二节　合并单元异常缺陷处理

一、220kV线路（主变压器）合并单元异常缺陷处理

1. 装置失电

故障现象：合并单元与其他装置SV通信中断，面板信号灯全灭。

影响设备：对应的线路（主变压器）、母差保护及测控装置。

安全措施：对应的线路（主变压器）、母差保护改信号。

运维人员处理：线路（主变压器）、母差保护改信号，放上检修硬压板，重启装置。

可能原因：

（1）装置电源板故障。

（2）装置直流空气开关故障。

检查分析：

（1）检查后台，确认是否有装置故障（失电）告警信号；若无，则用万用表测量装置电源空气开关与装置电源板各处直流电压值。

（2）若空气开关上、下端直流电压值不一致，则空气开关故障。

（3）若装置电源端子上直流电压值正常，则确认为装置电源板故障。

消缺及验证：

（1）装置故障：需更换电源板，更换后做电源模块试验，并检查所有与合并单元相关的链路通信正常。

（2）空气开关故障：更换后确认装置正常启动。

2. 装置闭锁

故障现象：合并单元发"装置异常"信号至监控后台，面板"告警"红灯亮。

处理安全措施：对应的线路（主变压器）、母差保护改信号。

运维人员处理：线路（主变压器）、母差保护改信号，放上检修硬压板，重启装置。

可能原因：装置硬件故障或软件故障。

检查分析：检查监控后台，确认与其通信的装置均报通信中断，再检查装置运行灯灭，告警灯点亮。

消缺及验证：装置异常，由厂家检查确认故障原因，检查所有与合并单元相关的链路通信正常；若开入、开出板故障，更换后验证二次回路正常；若升级程序或更换 CPU 板，更换后需进行完整的合并单元测试。投运时，需做带负荷试验验证。

3. SV 总告警

故障现象：装置发"SV 总告警"信号至后台，面板"告警"红灯亮。

处理安全措施：对应的线路（主变压器）、母差保护改信号。

运行人员处理：线路（主变压器）、母差保护改信号，放上检修硬压板，重启装置。

检查分析：检查监控后台，确认与其通信的装置均报通信中断，再检查装置运行灯灭，告警灯点亮。

检查分析：

（1）检查监控后台，若合并单元有异常信号或多套与该合并单元相关的保护装置有 SV 断链信号，则初步判断为合并单元故障。

（2）检查合并单元，用工具在合并单元 SV 发送端抓包，如果抓到的合并单元报文均为无效或抓不到报文，则确认为合并单元故障。

可能原因：软件原因、CPU 板故障。

消缺及验证：合并单元故障，若升级程序或更换 CPU 板，应检查所有与合并单元相关的链路通信正常，并进行完整的合并单元测试。投运时，需做带负荷试验验证。

4. 对时异常

故障现象：装置发"对时异常"信号至后台，面板"同步"红灯亮。

处理安全措施：无。

检查分析：

（1）检查后台，若有多台装置同时报失步信号，则可能是 GPS 装置出现故障。

（2）如果只有本装置报失步信号，则检查 GPS 对时光纤是否完好，光纤衰耗、光功率是否正常。若异常，则判断光纤或熔接口故障。

（3）如果更换备用光纤或重新熔接检测正常后仍不能正常对时，需要更换对时模件。

可能原因：

（1）GPS对时装置原因。

（2）对时光纤或熔接口故障。

（3）合并单元的对时模件故障〔对应的线路（主变压器）、母差保护改信号〕。

消缺及验证：

（1）GPS对时装置故障：更换GPS装置，更换后查看全站装置对时信号；

（2）光纤或熔接口故障：更换备芯或重新熔接光纤，更换后测试光功率正常，链路中断恢复；

（3）合并单元故障：更换对时板件，更换后对时信号正常，并进行守时测试。

5. 合并单元接收智能终端GOOSE链路中断

故障现象：装置发"GOOSE链路中断"信号至后台。

处理安全措施：该套合并单元、智能终端投入检修压板，对应的线路（主变压器）、母线保护改信号。

运维人员处理：线路（主变压器）、母差保护改信号，放上检修硬压板，重启装置。

检查分析：检查监控后台，确认与其通信的装置均报通信中断，再检查装置运行灯灭，告警灯点亮。

可能原因：

（1）合并单元故障：软件运行异常、CPU插件故障、GOOSE插件。

（2）智能终端故障：软件运行异常、电源插件、CPU插件故障、GOOSE插件。

（3）交换机故障。

（4）光纤回路故障。

初步故障定位：

（1）检查后台信号，确定此智能终端该 GOOSE 的其他接收方（母差、测控、网分、录波等）通信正常。若只有合并单元装置有 GOOSE 中断信号，则初步判断为交换机与合并单元通信故障；若组网接收此 GOOSE 信号的装置都报中断信号，则初步判断为智能终端与交换机通信故障或智能终端故障。

（2）在间隔合并单元 GOOSE 接收端光纤处抓包，若报文正常则间隔合并单元故障。首先检查光纤是否完好，光纤衰耗、光功率是否正常，若异常，则判断光纤或熔接口或交换机故障；若光纤各参数正常，在智能终端发送端光纤处抓包，若报文异常则智能终端故障。

消缺及验证：

（1）合并单元故障：若 GOOSE 插件故障，更换后试验 GOOSE 开入、开出功能；若升级程序或更换 CPU 板，检查所有与合并单元相关的链路通信正常及相关保护的采样值正常，更换后进行完整的合并单元测试。

（2）智能终端故障：升级程序或更换板件，若电源板故障，更换后做电源模块试验；若 GOOSE 插件故障，更换后试验 GOOSE 开入、开出功能；若程序升级或更换 CPU 板，更换后进行完整的智能终端测试。

（3）交换机故障：参照交换机故障处理。

（4）光纤回路问题：更换备用光纤或光模块，检查链路通信是否正常，并进行光功率测试。

6. 接收母设合并单元 SV 中断

故障现象：装置发"SV 采样链路中断"信号至后台。

处理安全措施：线路（主变压器）保护及其它相关保护改信号。

运维人员处理：线路（主变压器）、母差保护改信号，放上检修硬压板，重启装置。

检查分析：

（1）查看后台告警信号，若多个合并单元都与母线合并单元链路断链或母线合并单元本身有异常信号上送，可初步判断为母线合并单元故障。

（2）若母线合并单元正常，检查级联光纤是否完好，光纤衰耗、光功率是否正常。若异常，则判断光纤或熔接口故障。

（3）在母线合并单元处抓包，若无报文或报文异常（如 mac、appid、svid、数据通道数等错误），则判断为母线合并单元故障。

（4）在线路合并单元接收光纤处抓包，若报文正常，则判断为线路合并单元故障。

可能原因：

（1）母线合并单元：软件原因、CPU 板件故障、电源板件故障、通信板件故障、其它插件故障。

（2）线路合并单元：软件原因、CPU 板件故障、通信板件故障、其它插件故障。

（3）光纤回路故障。

消缺及验证：

（1）母线合并单元故障：若电源板故障，更换后做电源模块试验，并检查所有与母线合并单元相关的链路通信正常及采样正常；若升级程序或更换 CPU 板、通信板，更换后进行完整的合并单元测试；若其它插件故障，更换后测试该插件的功能。

（2）线路合并单元故障：若程序升级或更换 CPU 板、通信板，更换后进行完整的合并单元功能测试；若其它插件故障，更换后测试该插件的功能。

（3）光纤回路故障：更换备用光纤或光模块，检查链路通信正常，并进行光功率测试。

7. 电压切换异常信号

故障现象：后台报"合并单元电压切换异常"信号。

处理安全措施：无。

检查分析：

（1）检查后台智能终端刀闸 1、刀闸 2 的位置，是否有无效、同时为分位现象。如有，则需检查一次刀闸位置是否正常。

（2）若刀闸位置正常，在网络分析仪上检查智能终端发送的报文是否正确。如不正确，则检查二次回路中刀闸强电开入是否正确。

（3）如强电开入电位正确，则为智能终端 GOOSE 插件故障；若不正确，则为辅助触点或二次回路出现问题。

可能原因：

（1）刀闸问题：辅助触点或二次回路问题。

（2）智能终端故障：GOOSE 插件故障（参照第四章第二节）。

消缺及验证：

智能终端 DI 板故障：更换端子或整块插件，更换后对该插件上的 DI 回路重新验证。

8. 双 AD 采样不一致

故障现象：对应保护装置报"双 AD 采样不一致"信号，装置"告警"灯点亮。

处理安全措施：对应的线路（主变压器）、母差保护改信号。

检查分析：

（1）检查对应的线路（主变压器）保护、母差保护是否同时报双 AD 采样不一致，如果同时报，则需检查合并单元。

（2）如果仅线路（主变压器）保护报双 AD 采样不一致，而母差保护正常，则在线路合并单元接收光纤处抓包，判断合并单元发送数据是否正确。

（3）如果数据正确，则检查保护装置 SV 接收板是否在正常运行状态；保护配置是否正确，是否采用插值法同步而不是外部时钟同步。

可能原因：

（1）线路（主变压器）合并单元：软件原因、CPU 板件故障、采样插件故障、其它插件故障。

（2）线路（主变压器）保护：软件原因、CPU 板件故障、采样插件故障、其它插件故障。

（3）配置文件错误。

消缺及验证：

（1）线路（主变压器）合并单元故障：若升级程序或更换 CPU 板、采样板，更换后进行完整的合并单元测试；若其它插件故障，更换后测试该插件的功能。

（2）线路（主变压器）保护故障：若程序升级或更换 CPU 板、采样板，更换后进行完整的保护功能测试；若其它插件故障，更换后测试该插件的功能。

（3）配置文件错误：在 MU 采样方式时，保护直采应该选用 9-2 插值同步，但在导入配置文件时误选为外部时钟同步。调试时，加 30% 以上额定电流的二次谐波，如果配置正确，不会告警；如果配置错误，则会报"双 AD 采样不一致"信号。

二、110kV 线路合并单元异常缺陷处理

110kV 线路合并单元异常缺陷处理安全措施：110kV 线路合并单元按单套配置，当线路合并单元装置异常时，线路将失去保护，检修安全措施主要考虑将 110kV 线路改冷备用。

110kV 线路合并单元缺陷处理参照 220kV 线路合并单元异常缺陷处理部分。

三、220kV 母设合并单元异常缺陷处理

1. 装置失电、装置闭锁、SV 总告警、对时异常、合并单元接收智能终端 GOOSE 链路中断、双 AD 采样不一致的异常缺陷处理参照 220kV 线路合并单

元部分。

2. 电压并列异常信号。

故障现象：后台报"母设合并单元电压并列异常"信号（正常运行时，不报该信号，在并列过程或已经并列后）。

处理安全措施：无。

可能原因：

（1）辅助触点或二次回路问题。

（2）合并单元或智能终端故障：GOOSE 板故障。

（3）TV 并列把手故障：Ⅰ并Ⅱ、Ⅱ并Ⅰ同时导通。

检查分析：

（1）检查后台母联开关位置、刀闸 1 和刀闸 2 位置是否有无效。如有效，则需检查一次开关位置是否正常。

（2）若开关位置正常，在网络分析仪上检查母联智能终端发送的报文是否正确。如不正确，则检查二次回路中刀闸强电开入电位是否正确。

（3）如强电开入电位正确，则智能终端 GOOSE 插件故障；若不正确，则开关的辅助触点或二次回路出现问题。

（4）如果均无异常，检查 TV 并列把手Ⅰ并Ⅱ、Ⅱ并Ⅰ至母设合并单元开入电位有无同时开入现象。如果没有，则母设合并单元 GOOSE 插件故障。

消缺及验证：

（1）合并单元或智能终端 DI 板故障：更换端子或整块插件，更换后对该插件上的 DI 回路重新验证（安全措施参照合并单元或智能终端故障处理）。

（2）TV 并列把手故障：选择备用节点或更换把手，更换后重新验证开入回路正确。

四、110kV 母设合并单元异常缺陷处理

110kV 母设合并单元异常缺陷处理安全措施：

110kV 第一套母设合并单元为所有 110kV 线路保护、第一套主变压器保护、110kV 母差保护提供电压，所以其故障后，110kV 线路保护、第一套主变压器保护、110kV 母差保护均需改信号。

110kV 第二套母设合并单元只给第二套主变压器保护提供电压，所以其故障后，只有第二套主变压器保护改信号。

110kV 母设合并单元缺陷处理参照 220kV 母设合并单元异常缺陷处理部分。

五、案例分析

故障现象：某 220kV 变电站 110kV 母差保护报 TV 双 AD 不一致告警，1号、2号主变压器第一套保护报 TV 双 AD 不一致告警，110kV Ⅰ段母线上 4条线路保护均报 TV 双 AD 不一致告警。各告警图如图 2-1～图 2-3 所示。

图 2-1　110kV 线路保护告警图

安全措施：所有 110kV 线路保护、第一套主变压器保护、110kV 母差保护改信号。

运维人员处理：所有 110kV 线路保护、第一套主变压器保护、110kV 母差保护改信号；放上 110kV 第一套母设合并单元检修硬压板，重启此合并单元后，故障现象未消失，通知检修人员现场处理。

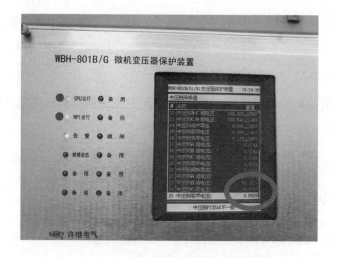

图 2-2　1号主变压器第一套保护告警图

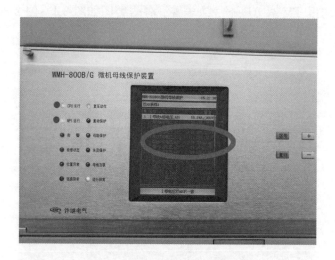

图 2-3　110kV 母差保护告警图

检查分析：

（1）检修人员查看110kV 线路保护、主变压器保护、母差保护装置双 AD 采样菜单，发现 I 母 C 相电压的 AD2 出现问题，数值为 34.3V，A、B 相双 AD 以及 C 相 AD1 均为 59V，因此初步判断为 110kV 母设第一套合并单元发送的 I 母 C 相电压的 AD2 出现问题。

（2）检修人员在110kV母设第一套合并单元处检查发现，有两块SV点对点发送板，且各间隔不是按Ⅰ、Ⅱ母排列顺序进行排列；同时发现110kVⅡ段母线上的线路保护均正常运行，故怀疑为合并单元CPU插件有问题而非SV发送板有问题。

可能原因：母线合并单元CPU插件故障。

消缺及验证：

（1）联系合并单元厂家技术人员，准备合并单元CPU插件备品。

（2）现场更换此合并单元CPU插件，并重新下载程序和配置文件。

（3）更换CPU插件后，进行完整的合并单元测试。测试正常后，恢复安全措施，缺陷消除。

第三章

继电保护装置异常缺陷处理

第一节 继电保护装置概述

智能变电站继电保护装置根据功能可分为以下 5 类：主变压器保护、母线保护、线路保护、母联保护、安全自动装置（如备自投装置）等。不同类型、不同电压等级的保护装置在缺陷处理时的安全措施和处理方法有所不同，且不同采样跳闸模式下的变电站处理方式又有所区别。

智能变电站保护装置检修安全措施总的要求及注意事项是：

（1）保护装置异常后，由运维人员根据调度指令将保护改为信号状态。

（2）检修人员应根据二次安全措施卡与运维人员到装置上核对软压板状态，并特别注意对侧保护的压板状态。

（3）部分主变保护跳低压侧为常规硬触点输出，相应控制回路也需拆断来作为补充安全措施。

（4）必要时，光纤回路可作为补充安全措施来设置明显的断开点，但比较适合于直跳模式；在网跳模式时，可以先拔掉网跳光纤，用测试仪抓包分析的方式检查跳闸间隔的正确性后，再插上光纤跳闸出口，以此来提高安全性。

智能变电站保护装置试验项目一般包括：交流精度检查、采样值品质位无效检查、采样值畸变检查、通信断续测试、采样值传输异常测试、检修状态测试、软压板检查、开入开出端子信号检查、虚端子信号检查、保护 SOE 报文的检查、整定值的整定及检验等，具体项目校验方法和要求可以参考第一章第三节所述。

智能变电站继电保护的告警分类如下：

（1）保护硬件告警信息。继电保护装置提供的硬件告警信息应反映装置的硬件健康状况，宜反映具体的告警硬件信息（如插件号、插件类型、插件名称等），包含以下内容：

1）继电保护装置对装置模拟量输入采集回路进行自检的告警信息，如模拟量采集错等。

2）继电保护装置对开关量输入回路进行自检的告警信息，如开入异常等。

3）继电保护装置对开关量输出回路进行自检的告警信息。

4）继电保护装置对存储器状况进行自检的告警信息，如 RAM 异常、FLASH 异常等。

（2）保护软件告警信息。继电保护装置应提供装置软件运行状况的自检告警信息，如定值出错、各类软件自检错误信号。

（3）装置内部自检信息。继电保护装置应提供装置内部配置的自检告警信息。继电保护装置应提供内部通信状况的自检告警，如各插件之间的通信异常状况。

（4）装置外部自检信息。继电保护装置应提供装置间通信状况的自检告警信息，如载波通道异常、光纤通道异常、SV 通信异常状况、GOOSE 通信异常状况等；保护装置应提供外部回路的自检告警信息，如模拟量的异常信息（TA 断线、TV 断线等）、接入外部开关量的异常信息（跳闸位置异常、跳闸信号长期开入等）。

（5）保护功能闭锁信息。保护功能闭锁数据集信号状态采用正逻辑，"1"和"0"的定义为："1"肯定所表述的功能；"0"否定所表述的功能。

保护功能闭锁数据集信号由保护功能状态数据集信号经本装置功能压板和功能控制字组合形成。任一保护功能失效，且功能压板和功能控制字投入，则对应的保护功能闭锁数据集信号状态置"1"，否则置"0"。

以下第二、三、四、五、六节对上述五种保护装置的故障缺陷处理进行说明。

第二节　主变压器保护装置异常缺陷处理

一、主变压器保护装置异常信号

常见的主变压器保护装置异常信号如表 3-1 所示。

表 3-1　　　　　　　　　主变压器保护装置异常信号一览表

设备	故障信息
主变压器保护	保护死机：硬件原因导致的死机
	保护异常：存储器错误，开入开出异常，程序校验错误、监视模块告警，内部通信异常，HMI 模件异常，双 CPU 通信异常，主从 CPU 状态不一致、开入异常
	SV 总告警：SV 采样数据异常，从 CPU 采样异常，X 侧 SV 采样数据异常（X 侧分别对应高、中、低、公共绕组）
	TA 断线：X 侧 TA 断线
	TV 断线：X 侧 TV 断线
	链路中断：SV 采样链路中断，X 侧电压 SV 采样链路中断，X 侧 SV 采样链路中断（电流）；过程层 A 网 GOCB—×××号 GOOSE 接收断链
	站控层通信中断
	同步异常：B 码对时异常

二、220kV 主变压器保护异常缺陷处理安全措施

220kV 主变压器保护按双重化配置，当主变压器第一（二）套保护装置异常时影响的设备有：主变压器 220kV 第一（二）套智能终端、220kV 第一（二）套母差保护装置、主变压器 110kV 第一（二）套智能终端、110kV 1 号母分智能终端、主变压器 35kV 第一（二）套智能终端、35kV 母分备自投装置。检修安全措施主要考虑主变压器第一（二）套保护改信号，若处理中发现为合

并单元、智能终端问题则相应增加补充安全措施，如母差保护需改信号等。

三、220kV 主变压器保护异常缺陷处理

1. 保护死机

故障现象：保护装置无法进行正常操作。

处理安全措施：主变压器第一（二）保护改信号。

可能原因：

（1）CPU 插件故障；

（2）电源插件故障；

（3）其它插件故障。

检查分析：

若是电源问题导致的装置不能运行，可观察电源板上 5V、24V 指示灯是否正常；有异常则更换电源插件；CPU 板故障会较小概率导致装置不能正常运行。

对于其它插件原因导致的死机问题，如国电南自的 MMI 插件故障，应首先检查网口是否能 Ping 通，不能 Ping 通的需更换硬件；能 Ping 通的，可读取 MMI 日志文件，查看异常原因。

消缺及验证：

（1）电源插件故障：更换后做电源模块试验。

（2）CPU 插件故障：更换板件，进行完整的保护功能测试（具体测试内容详见各厂商说明书）。

（3）其它插件故障：更换板件，需进行完整的后台通信测试。

2. 保护异常

故障现象：保护"告警"灯亮，后台报"装置异常"信号。

处理安全措施：主变压器第一（二）保护改信号。

可能原因：

CPU 及其它插件：软件原因、硬件原因。

检查分析：

上述故障一般都是保护装置自身硬件故障，如果条件允许可读取日志文件，一般即可判断是哪块硬件发生故障。

消缺及验证：

（1）CPU 插件故障：更换板件，进行完整的保护功能测试。

（2）其它插件故障：升级程序或更换板件，需进行对应的插件功能测试。

3. 对时异常

故障现象：装置发"对时异常"信号至后台。

处理安全措施：无。

可能原因：

（1）GPS 对时装置原因。

（2）保护装置的对时模件故障。

检查分析：

（1）检查后台，若有多台装置同时报对时异常信号，则可能是 GPS 装置出现故障。

（2）如果只有本装置报对时异常信号，则检查直流 B 码电压是否正常。

（3）如果更换直流 B 码接线后仍不能对时正常，需要更换对时模件。

消缺及验证：

（1）若 GPS 对时装置故障，则更换 GPS 装置，更换后查看全站装置对时信号。

（2）若保护装置对时模件故障，则更换对时板件，更换后对时信号正常。

4. 保护装置 GOOSE 链路中断

故障现象：后台报"GOOSE 链路中断"，装置"告警"灯亮。

处理安全措施：主变压器保护、母差保护改信号。

可能原因：

（1）主变压器保护故障：软件运行异常、CPU 板故障。

（2）母线保护故障：软件运行异常、CPU 板故障。

（3）交换机故障：软件故障，硬件故障。

检查分析：

（1）检查后台信号，确定该 GOOSE 的其它接收方（测控、终端等）通信正常，则主变压器保护接收 GOOSE 异常；若其它接收方均出现异常，则判断交换机或母线保护故障。

（2）若主变压器保护侧异常，首先检查光纤是否完好，光纤衰耗、光功率是否正常；若异常，则判断光纤或熔接口故障。

（3）若光纤各参数正常，可在交换机发送端光纤处抓包，若报文异常则交换机故障或母线保护故障；若数据正常，则主变压器保护本身出现故障。

消缺及验证：

（1）主变压器保护故障：若判断为硬件故障，则更换 CPU 后进行完整的保护试验验证；若判断为软件缺陷，则进行软件升级处理，升级完成后进行完整的保护试验；若为光纤故障，则更换完光纤，检查各装置链路是否正常。

（2）母线保护故障：若判断为硬件故障，则更换 CPU 后进行完整的保护试验验证；若判断为软件缺陷，则进行软件升级处理，升级完成后进行完整的保护试验；若为光纤故障，则更换完光纤，检查各装置链路是否正常。

（3）交换机故障：参照交换机故障处理章节。

5. SV 总告警

故障现象：后台报"SV 总告警"，装置"告警"灯亮。

处理安全措施：主变压器保护、母差保护改信号。

可能原因：

（1）合并单元：软件原因、CPU 板件故障、电源板件故障、SV 插件故障。

（2）保护装置：软件原因、CPU 板件故障、SV 插件故障。

（3）光纤或熔接口故障。

检查分析：

（1）检查后台，若合并单元有异常信号或多套与该合并单元相关的保护装置有 SV 断链信号，则初步判断为合并单元故障，检查合并单元。

（2）若仅有本间隔保护 SV 链路中断信号，则检查光纤是否完好，光纤衰耗、光功率是否正常；若异常，则判断光纤或熔接口故障。

（3）在合并单元 SV 发送端抓包，若抓包报文异常，则判断为合并单元故障。

（4）在保护装置 SV 接收端光纤处抓包，若报文正常，则判断为保护装置故障。

消缺及验证：

（1）合并单元故障：升级程序或更换板件，若电源板故障，更换后做电源模块试验，并检查所有与合并单元相关的链路通信正常及相关保护的采样值正常；若升级程序或更换 CPU 板、SV 插件，更换后进行完整的合并单元测试。

（2）保护装置故障：升级程序或更换板件，若电源板故障，更换后做电源模块试验，并检查所有与保护装置相关的链路通信正常及保护的采样值正常；若升级程序或更换 CPU 板、SV 插件，更换后进行完整的保护功能测试。

（3）光纤或熔接口故障：更换备芯或重新熔接光纤，更换后测试光功率正常，链路中断恢复。

6．TA/TV 断线

故障现象：后台报"TA/TV 断线"，装置"告警"灯亮。

处理安全措施：主变压器保护、母差保护改信号。

可能原因：

（1）合并单元：交流插件问题，采样硬件问题。

（2）电缆回路：松动脱落。

检查分析：

（1）先观察后台报文，查看哪一侧 TA 或 TV 断线，然后检查相应的合并单元至 TA 或 TV 之间的电缆是否有松动脱落的现象。

（2）如果无松动脱落现象，则可在合并单元上直接加模拟量查看采样是否正常，检查合并单元交流模件是否正常；如果是采样硬件的问题，一般都会有多路采样不准；如果是交流插件的问题，一般很少会有多路采样问题。

消缺及验证：

（1）合并单元故障：更换交流插件或者采样硬件，并验证采样是否正常。

（2）电缆回路问题：压紧电缆回路或者更换电缆。

7. 站控层通信中断

故障现象：后台报"MMS 通信中断"。

处理安全措施：主变压器保护改信号。

可能原因：

（1）后台原因：软件原因。

（2）保护装置：软件原因、CPU 板件故障、电源板件故障、MMS 插件故障。

（3）网线或者交换机原因。

检查分析：

（1）检查后台，是否多台装置显示通信中断，如有多台中断则极有可能是后台总控机故障，也有可能是交换机出问题；如只有其中一台故障，则应该是保护装置的问题。

（2）如果不是后台的问题，采用 PING 命令检查链路是否正常，若能 PING 通，则说明应用层故障；若不能 PING 通，则可能为链路故障，如交换机异常、网线及端口等故障。

消缺及验证：

（1）站控层故障：升级程序，更换后进行完整的后台测试。

（2）保护装置故障：升级程序或更换板件，若 MMS 插件故障，更换后做通信正常测试。

（3）网线问题：重新放置网线；如果是交换机故障，则更换交换机，并进行完整的通信测试。

（4）应用层故障：在后台对装置重新进行 MMS 初始化。

四、110kV 主变压器保护异常故障缺陷处理

110kV 主变压器保护按双重化配置，当主变压器第一（二）套保护装置异常时影响的设备有：110kV 备自投、110kV 线路智能终端、110kV 桥开关智能终端、主变压器 10kV 智能终端、10kV 1 号母分备自投。检修安全措施主要考虑主变压器第一（二）套保护改信号，若处理中发现为合并单元、智能终端问题引起则增加补充安全措施，如备自投装置改信号等。

110kV 主变压器保护异常缺陷处理请参照 220kV 主变压器保护异常缺陷处理部分。

五、案例分析

[案例一]　110kV 主变压器保护桥开关电流虚端子连线错误引起主变压器差动保护告警处理

异常现象：2 号主变压器第二套保护差流告警。

处理安全措施：2 号主变压器第二套保护改信号。

可能原因：①虚端子连错；②合并单元极性接错；③主变压器保护插件损坏。

检查分析：因 2 号主变压器第二套保护差流告警，第一套保护差流正常，初步排除主变压器保护问题；仔细分析差流值后，发现主变压器保护差流值为 2 倍桥开关负荷电流值，检查 SCD 文件，发现 2 号主变压器连接 110kV 桥合并单元的电流虚端子连线内部端子连错，应为负的虚端子连线而错连成正的虚端子，引起主变压器差流为 2 倍的桥开关负荷电流。错误的虚端子连线如图 3-1 所示。正确的虚端子连线如图 3-2 所示。

消缺验证：

厂家人员修改虚端子连线，重新下载配置文件后，检查差流正常。

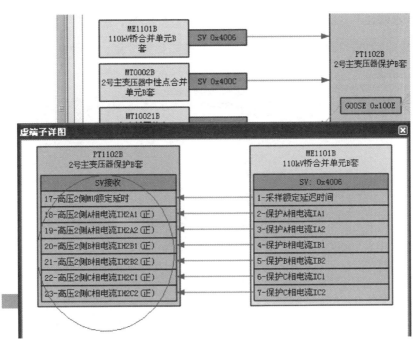

图 3-1　错误的虚端子连线

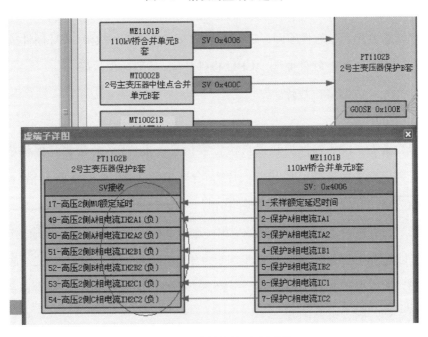

图 3-2　正确的虚端子连线图

[**案例二**] 220kV 主变压器保护"SV 总告警"异常处理

故障现象：1 号主变压器保护运行灯亮，告警灯亮，如图 3-3 所示。

图 3-3　主变压器保护装置告警图

处理安全措施：1 号主变压器第一套保护改信号，110kV 第一套母差保护改信号。

可能原因：

（1）合并单元：软件原因、CPU 板件故障、电源板件故障、SV 插件故障。

（2）保护装置：软件原因、CPU 板件故障、SV 插件故障。

（3）光纤或熔接口故障。

检查分析：

（1）查看主变压器保护装置自检告警信息：报"SV 总告警，保护板采样品质异常、启动板采样品质异常，B07. 合并单元 1SV. A 网链路出错"；则初步判断为第一套合并单元问题或链路引起。

（2）检查后台：主变压器 110kV 第一套合并单元与主变压器保护通信链路中断，与母差保护的链路正常，则初步判断为合并单元至主变压器保护的光纤故障。

（3）检查保护装置 7 号板的第一路 SV 链路，通过抓包方式查看链路，如果不通，则判断为链路问题。

消缺及验证：

更换了主变压器 110kV 第一套合并单元与主变压器保护间的 SV 直连光纤，缺陷现象消失，并检查后台链路通信及主变压器保护的采样值是否正常。

第三节　母线保护装置异常缺陷处理

一、母线保护装置异常信号

常见的母线保护装置异常信号如表 3-2 所示。

表 3-2　　　　　　　　　　母线保护装置异常信号一览表

装置	故障信息
母线保护	保护死机：硬件原因导致的死机
	保护异常：存储器错误，开入开出异常，程序校验错误、监视模块告警，内部通信异常，HMI 模件异常，双 CPU 通信异常，主从 CPU 状态不一致、开入异常
	SV 总告警：SV 采样数据异常，从 CPU 采样异常，X 侧 SV 采样数据异常（X 侧分别对应高、中、低、公共绕组）
	TA 断线：TA 断线
	TV 断线：TV 断线
	链路中断：保护与合并单元 SV 采样链路中断，保护与智能终端 GOOSE 链路中断，保护与其它保护 GOOSE 链路中断
	开入异常：保护装置采集的间隔刀闸位置、母联开关位置、启动失灵、解除复压闭锁等开入异常，装置发异常信号
	同步异常：B 码对时异常
	站控层通信中断

二、220kV 母线保护异常缺陷处理安全措施

220kV 母差保护按双重化配置，当母差第一（二）套保护装置异常时影响的设备有：220kV 各间隔第一（二）套智能终端、线路第一（二）套保护、主变压器第一（二）套保护。检修安全措施主要考虑母差第一（二）套保护改信号，若处理中发现为合并单元、智能终端问题则增加补充安全措施，如线路保

护需改信号等。

三、220kV 母线保护异常缺陷处理

1. 保护死机

故障现象：保护装置无法进行正常操作。

处理安措：母差保护改信号，投入保护装置检修硬压板，拔掉保护装置所有 GOOSE 开出光纤。

可能原因：母线保护装置故障、显示板件故障、CPU 板件故障、电源板件故障、通信板件故障。

检查分析：

（1）检查装置工作电源是否正常，若异常则检查电源回路。

（2）检查后台是否有保护装置相关异常告警信息。

（3）检查保护装置与智能终端链路通信是否正常。

（4）检查装置异常信号灯是否点亮或异常硬接点是否闭合。

（5）及时联系厂家前往现场收集装置信息进行分析定位。

消缺及验证：

（1）若为电源插件、管理显示插件故障，则更换插件，更换后做电源模块试验，并检查所有与保护装置相关的链路通信是否正常、保护的采样值是否正常以及保护装置与后台、远动通信是否正常。

（2）若为 CPU 插件故障，则更换 CPU 插件，更换后需做完整的保护功能测试。

2. 保护装置与合并单元 SV 链路中断

故障现象：保护装置发合并单元 SV 链路中断告警。

处理安全措施：

（1）若为合并单元异常，则按合并单元检修处理。

（2）若为链路异常，则按合并单元和保护都检修处理。

（3）若为保护装置异常，则按保护装置检修处理。

可能原因：

（1）合并单元：CPU板件故障、电源板件故障、通信板件故障；

（2）保护装置：CPU板件故障、电源板件故障、通信板件故障；

（3）光纤或熔接口故障。

检查分析：

（1）检查后台，若合并单元有异常信号或多套与该合并单元相关的保护装置有SV断链信号，则初步判断为合并单元故障，检查合并单元。

（2）若仅有本间隔保护SV链路中断信号，则检查光纤是否完好，光纤衰耗、光功率是否正常。若异常，则判断光纤或熔接口故障。

（3）在合并单元SV发送端抓包，若抓包报文异常（无SV报文、APPID、MAC地址、SVID不匹配），则判断为合并单元故障。

（4）在保护装置SV接收端光纤处抓包，若报文正常，则判断为保护装置故障。

消缺及验证：

（1）合并单元故障：需更换板件，若电源板故障，更换后做电源模块试验，并检查所有与保护、测控装置相关的链路通信是否正常及其采样值是否正常；若更换CPU板、通信板，更换后须进行合并单元功能测试。

（2）保护装置故障：需更换板件，若电源板故障，更换后做电源模块试验，并检查所有与保护装置相关的链路通信是否正常及保护的采样值是否正常；若更换CPU板、通信板，更换后须进行保护功能测试。

（3）光纤或熔接口故障：更换备芯或重新熔接光纤，更换后测试光功率是否正常，链路中断恢复。

3. 保护装置与智能终端GOOSE链路中断

故障现象：保护装置发智能终端GOOSE链路中断告警。

处理安全措施：

（1）若为智能终端异常，则按智能终端检修处理。

（2）若为链路异常，则按智能终端和保护装置都检修处理。

（3）若为保护装置异常，则按保护装置检修处理。

可能原因：

（1）智能终端故障：CPU 板件故障、电源板件故障、通信板件故障。

（2）保护装置故障：CPU 板件故障、电源板件故障、通信板件故障。

（3）光纤或熔接口故障。

检查分析：

（1）若仅有本间隔保护 GOOSE 链路中断信号，则检查光纤是否完好，光纤衰耗、光功率是否正常。若异常，则判断光纤或熔接口故障。

（2）在智能终端 GOOSE 发送端抓包，若抓包报文异常（无 GOOSE 心跳报文、APPID、MAC 地址、GocbRef 不匹配），则判断为智能终端故障。

（3）在保护装置 GOOSE 接收端抓包，若抓包报文正常，则判断为保护装置故障。

消缺及验证：

（1）智能终端故障：需更换板件，若电源板故障，更换后做电源模块试验，并检查所有与保护、测控装置相关的链路通信是否正常及其开入量是否正常；若更换 CPU 板、通信板，更换后须进行智能终端功能测试。

（2）保护装置故障：需更换板件，若电源板故障，更换后做电源模块试验，并检查所有与保护装置相关的链路通信是否正常及保护的采样值是否正常；若更换 CPU 板、通信板，更换后须进行保护功能测试。

（3）光纤或熔接口故障：更换备芯或重新熔接光纤，更换后测试光功率是否正常，链路中断恢复。

4. 保护装置与其他保护装置 GOOSE 链路中断

故障现象：保护装置发某间隔保护装置 GOOSE 链路中断告警。

处理安全措施：

（1）若为其他保护装置异常，则按其检修处理。

（2）若为链路异常，则按母线保护和与其链路中断的保护都检修处理。

（3）若为母线保护装置异常，则按其检修处理。

可能原因：

（1）其他保护装置故障：CPU 板件故障、电源板件故障、通信板件故障。

（2）母线保护装置故障：CPU 板件故障、电源板件故障、通信板件故障。

（3）光纤或熔接口故障。

检查分析：

（1）若仅有某间隔保护 GOOSE 链路中断信号，则检查光纤是否完好，光纤衰耗、光功率是否正常。若异常，则判断光纤或熔接口故障。

（2）在链路中断的保护装置 GOOSE 发送端抓包，若抓包报文异常（无 GOOSE 心跳报文、APPID、MAC 地址、GocbRef 不匹配），则判断为其他保护装置故障。

（3）在母线保护装置 GOOSE 接收端抓包，若抓包报文正常，则判断为母线保护装置故障。

消缺及验证：

（1）某间隔保护装置故障：需更换板件，若电源板故障，更换后做电源模块试验，并检查所有与保护装置相关的链路通信是否正常及保护的采样值是否正常；若更换 CPU 板、通信板，更换后须进行保护功能测试。

（2）母线保护装置故障：需更换板件，若电源板故障，更换后做电源模块试验，并检查所有与保护装置相关的链路通信是否正常及保护的采样值是否正常；若更换 CPU 板、通信板，更换后须进行保护功能测试。

（3）光纤或熔接口故障：更换备芯或重新熔接光纤，更换后测试光功率是否正常，链路中断恢复。

5. 开入异常

故障现象：保护装置采集的刀闸、失灵等开入出现异常，装置发异常信号。

处理安全措施：

（1）若为刀闸二次辅助回路故障，有必要时相应间隔应停电检查。

（2）若为智能终端异常，则按智能终端检修处理。

（3）若为链路异常，则按智能终端和保护装置都检修处理。

（4）若为其他保护装置异常，则按其检修处理。

（5）若为保护装置异常，则按保护装置检修处理。

可能原因：

（1）刀闸或开关的辅助触点与一次系统不对应。

（2）智能终端故障：开入采集板故障。

（3）其它保护装置故障：CPU 板件故障、电源板件故障、通信板件故障。

检查分析：

（1）检查开入异常的端子，若刀闸及开关位置异常，则检查保护装置与智能终端链路通信是否正常，检查智能终端采集的刀闸开入与实际状态是否对应，检查刀闸等二次辅助回路状态是否正确，检查保护开入采集板是否异常。

（2）检查开入异常的端子，若失灵开入异常，则检查其他保护是否发异常失灵开出，其他检查失灵开入回路关联是否正确，检查保护装置开入采集板是否异常。

消缺及验证：

（1）开入回路故障：检查相关回路。

（2）智能终端故障：需更换板件，若电源板故障，更换后做电源模块试验，并检查所有与保护、测控装置相关的链路通信是否正常及其开入量是否正常；若更换 CPU 板、通信板，更换后须进行智能终端功能测试。

（3）保护装置故障：需更换板件，若电源板故障，更换后做电源模块试验，并检查所有与保护装置相关的链路通信是否正常及保护的采样值是否正常；若更换 CPU 板、通信板，更换后须进行保护功能测试。

6. 采样异常

故障现象：保护装置显示保护采样值与实际不符。

处理安全措施：

（1）若合并单元异常，则按合并单元检修处理。

（2）若为链路异常，则按合并单元和保护都检修处理。

（3）若保护装置异常，则按保护装置检修处理。

可能原因：

（1）合并单元：CPU 板件故障、电源板件故障、通信板件故障。

（2）保护装置：CPU 板件故障、电源板件故障、通信板件故障。

（3）光纤或熔接口故障。

检查分析：

（1）检查保护装置与合并单元的链路通信是否正常。

（2）检查保护装置开入状态是否与实际相符。

（3）检查采样异常的间隔合并单元与保护装置之间的光纤是否完好，光纤衰耗、光功率是否正常。若异常，则判断光纤或熔接口故障。

（4）在合并单元 SV 发送端抓包，若抓包报文数据异常，则判断为合并单元故障。

（5）在保护装置 SV 接收端抓包，若报文正常，则判断为保护装置故障。

消缺及验证：

（1）合并单元故障：需更换板件，若电源板故障，更换后做电源模块试验，并检查所有与保护、测控装置相关的链路通信是否正常及其采样值是否正常；若更换 CPU 板、通信板，更换后须进行合并单元功能测试。

（2）保护装置故障：需更换板件，若电源板故障，更换后做电源模块试验，并检查所有与保护装置相关的链路通信是否正常及保护的采样值是否正常；若更换 CPU 板、通信板，更换后须进行保护功能测试。

（3）光纤或熔接口故障：更换备芯或重新熔接光纤，更换后测试光功率是否正常，链路中断恢复。

7. 同步异常

故障现象：保护装置 SV 采样失步。

处理安全措施：

（1）若合并单元异常，则按合并单元检修处理。

（2）若交换机异常，则按交换机检修处理。

（3）若保护装置异常，则按保护装置检修处理。

可能原因：

（1）合并单元：CPU 板件故障、电源板件故障、通信板件故障。

（2）保护装置：CPU 板件故障、电源板件故障、通信板件故障。

（3）光纤或熔接口故障。

（4）交换机异常。

检查分析：

（1）检查合并单元是否出现同步异常。

（2）检查合并单元 SV 发送延时及离散度是否正常。

（3）检查保护装置其他 SV 是否也出现失步。

（4）网络采样，则检查交换机是否出现异常。

消缺及验证：

（1）合并单元故障：需更换板件，若电源板故障，更换后做电源模块试验，并检查所有与保护、测控装置相关的链路通信是否正常及其采样值是否正常；若更换 CPU 板、通信板，更换后须进行合并单元功能测试。

（2）保护装置故障：需更换板件，若电源板故障，更换后做电源模块试验，并检查所有与保护装置相关的链路通信是否正常及保护的采样值是否正常；若更换 CPU 板、通信板，更换后须进行保护功能测试。

（3）交换机故障：联系交换机厂家进行处理。

8. 站控层通信中断

故障现象：保护装置与后台或远动通信中断，保护信息不能正常上送后台或远动。

处理安全措施：

（1）若后台异常，则联系后台厂家处理。

（2）若交换机异常，则联系交换机厂家处理。

（3）若保护装置异常，则按保护装置检修处理。

检查分析：

（1）查看后台，看是否同时有多个装置与后台发生通信中断。若是，则需查看交换机是否出现异常。

（2）若交换机正常，可在后台直接 PING 保护装置 IP 地址。若正常，则为保护装置与后台直接通信异常，需抓取 MMS 报文进行分析。

（3）若直接从装置网口不能 PING 通保护装置，则为保护装置故障。

消缺及验证：

（1）后台异常：联系后台厂家进行进一步排查。

（2）交换机故障：联系交换机厂家进行进一步排查。

（3）保护装置故障：需更换板件或升级程序，若电源板故障，更换后做电源模块试验，并检查所有与保护装置相关的链路通信是否正常及保护的采样值是否正常，以及装置与后台、远动的通信情况；若升级程序或更换 CPU 板、通信板，更换后须进行保护功能测试。

四、110kV 母线保护异常故障缺陷处理

110kV 母差保护单套配置，当母差保护装置异常时影响的设备有 110kV 各间隔智能终端。由于 110kV 母差保护只有单套，母差保护退出后建议将 110kV 母分过流解列保护由信号改为跳闸。检修安全措施主要考虑 110kV 母差保护由跳闸改为信号，110kV 母分过流解列保护由信号改为跳闸。若处理中发现为合并单元、智能终端问题引起则增加补充安全措施，如停用相关设备等。

110kV 母差保护异常缺陷处理请参照 220kV 母差保护异常缺陷处理部分。

五、案例分析

故障现象：220kV 第一套母差保护装置"报警"灯亮，如图 3-4 所示。

图 3-4 母差保护接收母联开关位置的 GOOSE 中断引发的告警

处理安全措施：220kV 第一套母差保护改信号。

可能原因：智能终端故障；保护装置故障；光纤或熔接口故障。

检查分析：

（1）现场检查发现，母差保护接收不到母联间隔智能终端的 GOOSE 数据，而其他保护、测控装置接收该智能终端数据正常，则初步判断为母联间隔至母差保护的光纤或熔接口故障。

（2）因母线保护与智能终端之间为点对点模式，所以故障范围在智能终端的发送口、直连光纤、保护装置接收口三者之间。

（3）对母线保护进行检修处理，用抓包工具在母差保护接收侧检查光纤是否有数据，检查发现光纤 GOOSE 数据不正常，由此判定直连光纤或智能终端发送口出现问题。

（4）对智能终端进行检修处理，用抓包工具检查智能终端发送口是否有数据，检查发现 GOOSE 数据不正常，由此判断为智能终端发送口出现问题。

消缺及验证：

更换智能终端发送光口，重新下装配置。下装后，对各链路进行验证，检查保护和测控开入是否正常；对保护和测控进行开出传动实验，验证无误后，恢复智能终端和母线保护运行。

第四节　线路保护装置异常缺陷处理

一、线路保护装置异常信号

常见的线路保护装置异常信号如表 3-3 所示。

表 3-3　　　　　　　　　　线路保护装置异常信号一览表

设备	异常信号
线路保护	保护死机：硬件原因导致的死机
	保护异常：存储器错误，开入开出异常，程序校验错误、监视模块告警，内部通信异常，HMI 模件异常，双 CPU 通信异常，主从 CPU 状态不一致、开入异常
	SV 总告警：SV 采样数据异常，从 CPU 采样异常
	TA 断线：TA 断线、对侧 TA 异常
	TV 断线：母线 TV 断线、线路 TV 断线
	开入异常：分相 TWJ 开入异常、压力低闭锁重合闸开入异常、远跳开入异常
	链路中断：SV 采样链路中断，GOOSE 接收断链
	纵联通道告警：纵联通道中断异常
	站控层通信中断
	同步异常：B 码对时异常

二、220kV 线路保护异常缺陷处理安全措施

220kV 线路保护按双重化配置，当线路第一（二）套保护装置异常时影响设备为：线路第一（二）套智能终端、220kV 第一（二）套母差保护装置。检修安全措施主要考虑将线路第一（二）套纵联保护、线路第一（二）套微机保护改信号，若处理中发现为合并单元、智能终端问题则相应增加补充安全措施，如线路改停用、母差改信号等。

三、220kV 线路保护异常缺陷处理

1. 装置死机

故障现象：保护装置无法进行正常操作。

处理安全措施：线路保护装置改信号。

可能原因：软件原因、CPU 板件故障、电源板件故障、通信板件故障、其它插件故障。

检查分析：

（1）检查装置工作电源是否正常，如果异常则检查电源回路。

（2）检查后台是否有保护装置相关异常告警信息。

（3）检查保护装置与智能终端链路通信是否正常。

（4）检查装置异常信号灯是否点亮或异常硬节点是否闭合。

消缺及验证：

（1）若电源板故障，更换后做电源模块试验，并检查所有与线路保护相关的链路通信正常。

（2）若程序升级或更换 CPU 板，更换后进行完整的线路保护功能测试。

（3）若通信插件或其它插件故障，更换后测试该插件的功能。

2. 线路保护装置与合并单元 SV 链路中断

故障现象：保护装置发合并单元 SV 链路中断告警。

处理安全措施：线路保护改信号，若为合并单元故障引起则对应的母差保护改信号。

可能原因：

（1）合并单元：软件原因、CPU 板件故障、电源板件故障、通信板件故障、其它插件故障；

（2）保护装置：软件原因、CPU 板件故障、电源板件故障、通信板件故障、其它插件故障；

（3）光纤或熔接口故障。

检查分析：

（1）检查后台，若合并单元有异常信号或多套与该合并单元相关的保护装置有 SV 断链信号，则初步判断为合并单元故障，检查合并单元。

（2）若仅有本间隔保护 SV 链路中断信号，则检查光纤是否完好，光纤衰耗、光功率是否正常。若异常，则判断光纤或熔接口故障。

（3）在合并单元 SV 发送端抓包，若抓包报文异常（合并单元不发送数据或发送数据与保护配置不同，包括 MAC、APPID、版本号、数据集个数等），则判断为合并单元故障。

（4）在保护装置 SV 接收端光纤处抓包，若报文正常，则判断为保护装置故障。

消缺及验证：

（1）合并单元故障：若电源板故障，更换后做电源模块试验，并检查所有与合并单元相关的链路通信正常及相关保护的采样值正常；若程序升级或更换 CPU 板、通信板，更换后进行完整的合并单元测试；若其它插件故障，更换后测试该插件的功能。

（2）线路保护装置故障：若电源板故障，更换后做电源模块试验，并检查所有与保护装置相关的链路通信正常；若程序升级或更换 CPU 板、通信板，更换后进行完整的保护功能测试；若其它插件故障，更换后测试该插件的功能。

（3）光纤或熔接口故障：更换备芯或重新熔接光纤，更换后测试光功率正常，链路中断恢复。

3. 线路保护装置与智能终端 GOOSE 链路中断

故障现象：保护装置发智能终端 GOOSE 链路中断告警。

处理安全措施：线路保护装置改信号。

可能原因：

（1）智能终端：软件原因、CPU 板件故障、电源板件故障、通信板件故障、其它插件故障。

（2）保护装置：软件原因、CPU 板件故障、电源板件故障、通信板件故障、其它插件故障。

（3）光纤或熔接口故障。

检查分析：

（1）查看后台，若有多套保护与该智能终端链路断链或智能终端本身有异常信号上送，可初步判断为智能终端故障，检查智能终端。

（2）若智能终端正常，检查光纤是否完好，光纤衰耗、光功率是否正常。若异常，则判断光纤或熔接口故障。

（3）可在智能终端处抓包，若无报文或报文异常，可判断为智能终端故障。

（4）在保护接收光纤处抓包，若报文正常，可判断为保护故障。

消缺及验证：

（1）智能终端故障：若电源板故障，更换后做电源模块试验，并检查所有与智能终端相关的链路通信正常及相关保护、测控、监控后台等的信号显示正常；若程序升级或更换 CPU 板、通信板，更换后进行完整的智能终端测试；若其它插件故障，更换后测试该插件的功能。

（2）保护装置故障：若电源板故障，更换后做电源模块试验，并检查所有与保护装置相关的链路通信正常；若程序升级或更换 CPU 板、通信板，更换后进行完整的保护功能测试；若其它插件故障，更换后测试该插件的功能。

（3）光纤或熔接口故障：更换备芯或重新熔接光纤，更换后测试光功率正常，链路中断恢复。

4. 线路保护装置与母线保护装置 GOOSE 链路中断

故障现象：线路保护装置报 GOOSE 断链，保护装置告警灯亮。

处理安全措施：GOOSE 链路涉及的保护功能改信号。

可能原因：

（1）母线保护：软件原因、CPU 板件故障、电源板件故障、通信板件故障、其它插件故障。

（2）线路保护：软件原因、CPU 板件故障、电源板件故障、通信板件故障、其它插件故障。

（3）光纤或熔接口故障。

（4）交换机故障：VLAN 转发表（静态组播划分）错误、交换机软件或硬件故障。

检查分析：

（1）查看后台告警信号，若多个保护都与母线保护链路断链或母线保护本身有异常信号上送，可初步判断为母线保护故障。

（2）若母线保护正常，检查光纤是否完好，光纤衰耗、光功率是否正常。若异常，则判断光纤或熔接口故障。

（3）用网络分析仪查看母线保护报文（或抓包查看），若无报文或报文异常，可判断为母线保护故障。

（4）在线路保护接收光纤处抓包，若报文正常，可判断为线路保护故障。

（5）若判断线路保护、光纤、母线保护皆正常，则判断为交换机故障。

消缺及验证：

（1）母线保护故障：若电源板故障，更换后做电源模块试验，并检查所有与母线保护相关的链路通信正常；若程序升级或更换 CPU 板、通信板，更换后进行完整的合并单元测试；若其它插件故障，更换后测试该插件的功能。

（2）保护装置故障：若电源板故障，更换后做电源模块试验，并检查所有与保护装置相关的链路通信正常；若程序升级或更换 CPU 板、通信板，更换后进行完整的保护功能测试；若其它插件故障，更换后测试该插件的功能。

（3）光纤或熔接口故障：更换备芯或重新熔接光纤，更换后测试光功率正常，链路中断恢复。

（4）交换机故障：若更改 VLAN 转发表（静态组播划分），检查该交换机涉及的 GOOSE、SV 链路是否恢复正常；若更换交换机软件或硬件，则恢复 VALN 转发表（静态组播划分），检查该交换机涉及的 GOOSE、SV 链路是否恢复正常。

5. 线路保护开入异常

故障现象：线路保护装置告警灯亮。

处理安全措施：线路保护改信号。

可能原因：

（1）线路保护异常：开入插件异常。

（2）智能终端异常：软件原因、CPU 板件故障、通信板件故障、其它插件故障。

（3）母线保护异常：软件原因、CPU 板件故障、通信板件故障、其它插件故障。

检查分析：

（1）查看线路保护开入量状态，如果是硬触点开入异常，检查回路无异常，可判断线路保护开入插件异常。

（2）如果线路保护开入插件无异常，则查看其 GOOSE 开入，如果 GOOSE 开入异常，可根据具体开入判断智能终端异常或母线保护异常。

（3）在智能终端发送光纤处抓包，若无报文或报文异常，可判断为智能终端异常。

（4）用网络分析仪查看母线保护报文（或抓包查看），若无报文或报文异常，可判断为母线保护故障。

消缺及验证：

（1）线路保护开入插件异常：更换开入插件，更换后测试该插件的功能。

（2）线路智能终端故障：若程序升级或更换 CPU 板、通信板，更换后进行完整的智能终端测试；若其它插件故障，更换后测试该插件的功能。

（3）母线保护故障：若程序升级或更换 CPU 板、通信板，更换后进行完整的母线保护功能测试；若其它插件故障，更换后测试该插件的功能。

6. 线路保护采样异常

（1）SV 采样数据无效。

处理安全措施：线路保护改信号。

可能原因：

1）线路合并单元：软件原因、CPU 板件故障、通信板件故障、其它插件故障。

2）线路保护：软件原因、通信板故障。

检查分析：

1）查看后台，若与线路合并单元相连的其它装置报采样无效或线路合并单元本身有异常信号上送，则可初步判断为线路合并单元故障。

2）在线路合并单元处抓包，若无报文或报文异常，可判断为线路合并单元故障。

3）在线路保护接收光纤处抓包，若报文正常，可判断为线路保护异常。

消缺及验证：

1）线路合并单元故障：若程序升级或更换 CPU 板、通信板，更换后进行完整的合并单元测试；若其它插件故障，更换后测试该插件的功能。

2）线路保护故障：则程序升级或更换通信板件，更换后进行完整的线路保护功能测试。

（2）SV 通道延迟变化。

处理安全措施：线路保护改信号。

可能原因：

线路合并单元：软件原因、CPU 板件故障、通信板件故障、其它插件故障。

检查分析：

查看后台，若与线路合并单元相连的其它装置报采样延迟变化或线路合并单元本身有异常信号上送，则可判断为线路合并单元异常。

消缺及验证：

线路合并单元故障：若程序升级或更换 CPU 板、通信板，更换后进行完整的合并单元测试；若其它插件故障，更换后测试该插件的功能。

7. 纵联通道告警

故障现象：装置发"通道异常"信号，装置"告警"灯亮。

处理安全措施：差动保护改信号。

(1) 专用通道。

可能原因：

1) 装置故障：发送光功率异常，接收异常。

2) 通道原因：通道中断、衰耗过大。

检查分析：

1) 查看保护装置通道状态中丢帧总数、误帧总数、严重误帧秒、失步次数的变化情况，若明显在增加，则需测试通道判断。

2) 通过光功率计测试保护装置的发送功率和接收功率，若发送功率不正常，则判断装置故障；若接收功率不正常，则需对侧检查发送功率，对侧发送功率正常，则判断通道衰耗过大。

3) 若本侧发送功率和接收皆正常，需对侧检测接收功率；若对侧接收功率不正常，则判断为通道故障。

消缺及验证：

1) 装置故障：可更换装置光接口板，更换后查看通道状态，保护通道异常记录数值 24h 内无增加即可。

2) 通道故障：可处理通道，处理完成后，保护通道异常记录数值 24h 内无增加即可。

(2) 复用通道。

可能原因：

1) 保护装置故障：发送光功率异常，接收异常。

2) 通道原因：通道中断、衰耗过大、收发路由不一致。

3) 光电转换装置故障。

检查分析：

1）查看保护装置通道状态中丢帧总数、误帧总数、严重误帧秒、失步次数的变化情况，若明显在增加，需测试通道进行判断。

2）保护装置通过尾纤自环试验，若保护装置通道状态仍然有异常计数增加，则判断为保护装置故障。

3）若保护装置正常，则对保护装置进行站内光纤自环试验；若保护装置通道状态仍然有异常计数增加，则站内通道有问题，测试光缆衰耗进行判断。

4）若保护装置站内光纤自环正常，则通过光电转换装置的电口做站内自环；若保护装置通道状态仍然有异常计数增加，则判断为光电转换装置故障。

5）若保护通过光电转换装置电口自环正常，则通过对侧 SDH 设备电口自环；若保护装置通道状态仍然有异常计数增加，则判断为 SDH 设备或外部光缆有故障。

6）在对侧做相同试验进行判断；

7）对于双通道差动保护装置，若保护装置仅其中一个通道的失步次数增加，则由信通人员检查光纤通道的收发路由是否一致。

消缺及验证：

1）装置故障：可更换装置光接口板，更换后查看通道状态，保护通道异常记录数值 24h 内无明显增加即可。

2）通道故障：可处理通道，处理完成后，保护通道异常记录数值 24h 内无明显增加即可。

3）光电转换装置故障：可更换光电装换装置，更换后查看通道状态，保护通道异常记录数值 24h 内无明显增加即可。

8. 站控层通信中断

故障现象：后台报"MMS 通信中断"。

处理安全措施：无。

可能原因：

（1）保护装置故障：通信板损坏、通信设置改变。

（2）后台设置问题：通信设置改变。

检查分析：

（1）比较后台与保护装置的通信设置是否一致。

（2）检查保护装置至站控层交换机网线是否插好，交换机口网络指示灯是否正确点亮。若没有点亮，则判断为网线故障。

（3）通过电脑 Ping 保护装置 IP，若无法 Ping 通，则判断为装置故障。

（4）通过专业软件测试保护装置通信功能是否正常。若不正常，判断装置故障。

消缺及验证：

（1）装置故障：可更换通信板或更改通信设置，更换后查看通信状态，保护通信正常，信号可以正常上送。

（2）后台设置问题：可更改后台设置，更改后查看通信状态，保护通信正常，信号可以正常上送。

（3）网线问题或交换机问题：可重新压制网线或更换交换机接口，更改后查看通信状态，保护通信正常，信号可以正常上送。

9. 同步异常

故障现象：装置发"对时异常"信号。

处理安措：无。

可能原因：

（1）保护装置故障：更换保护对时插件。

（2）对时装置问题：更换对时模块。

（3）对时线故障。

检查分析：

（1）检查同一条对时线上的装置对时是否正常，若不正常，则判断为对时装置接过来的对时线故障或其对时口故障。

（2）若其他装置对时正常，检查保护装置对时设置。

（3）若对时设置正确，对时接线也正确，对时信号已正常发送到装置，则判断为保护对时口故障。

消缺及验证：

（1）保护装置故障：可更换对时板卡，更换后查看对时状态。

（2）对时装置问题：可更换对时模块，更换后查看对时状态。

（3）对时线问题：可更改对时接线，更换后查看对时状态。

四、110kV 线路保护异常缺陷处理

110kV 线路保护异常缺陷处理安措：110kV 线路保护按单套配置，当线路保护装置异常时，线路将失去保护，检修安全措施主要考虑将 110kV 线路改冷备用。

110kV 线路保护异常缺陷处理请参照 220kV 线路保护异常缺陷处理部分。

五、案例分析

故障现象：220kV 线路保护报通道告警信号，装置告警灯亮，如图 3-5 所示。

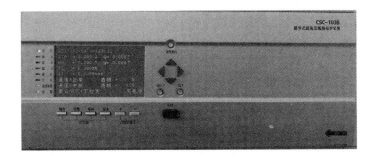

图 3-5　220kV 线路保护通道告警图

处理安措：220kV 线路保护纵差保护改信号。

可能原因：

1）保护装置故障：发送光功率异常，接收异常。

2）通道原因：通道中断、衰耗过大、收发路由不一致。

3）光电转换装置故障。

检查分析：

1）查看现场保护装置，面板指示为 B 通道中断，丢帧为 600，检查该线路电流光纤差动保护配置双通道，A 通道为专用通道，B 通道为复用通道。

2）通过保护装置尾纤自环试验，发现保护装置通道状态正常，说明保护装置正常。

3）若保护装置正常，则通过站内光纤自环试验，发现保护装置通道状态有异常计数增加，则站内通道有问题，测试光缆衰耗判断，最后发现为 2M 复用接口装置异常。

消缺及验证：

更换 2M 复用接口装置后，保护通道异常消失，恢复正常。

第五节　母联（分）保护装置异常缺陷处理

一、母联（分）保护装置异常信号

常见的母联（分）保护装置异常信号如表 3-4 所示。

表 3-4　　　　　　　　　母联（分）保护装置异常一览表

装置	异常信号
母联（分）保护	保护死机：硬件原因导致的死机
	保护异常：存储器错误，开入开出异常，程序校验错误、监视模块告警，内部通信异常，HMI 模件异常，双 CPU 通信异常，主从 CPU 状态不一致
	SV 总告警：SV 采样数据异常，从 CPU 采样异常
	TA 断线：TA 断线
	链路中断：SV 采样链路中断
	站控层通信中断

二、220kV 母联保护异常缺陷处理安全措施

220kV 母联保护按双重化配置，当母联第一（二）套保护装置异常时影响设备为：母联第一（二）套智能终端、220kV 第一（二）套母差保护装置。检修安全措施主要考虑将母联第一（二）套保护改信号，若处理中发现为合并单元、智能终端问题则增加安全措施，如母联改停用等。

三、220kV 母联保护装置异常缺陷处理

1. 保护死机

故障现象：保护装置无法进行正常操作。

处理安全措施：母联保护改信号。

可能原因：

（1）管理板硬件故障。

（2）CPU 板硬件故障。

（3）电源硬件故障。

检查分析：

（1）检查装置工作电源是否正常，若异常则检查电源回路。

（2）检查后台是否有保护装置相关异常告警信息。

（3）检查保护装置与智能终端、合并单元链路通信是否正常。

（4）检查装置异常信号灯是否点亮或异常硬接点是否闭合。

消缺及验证：

（1）管理板故障：更换板件，需进行完整的后台通信测试。

（2）CPU 板故障：更换板件，进行完整的保护功能测试。

（3）电源故障：更换后做电源模块试验。

2. 保护闭锁

故障现象：开入开出异常、程序校验错误、模拟量采集错、定值区指针

错、定值错、软压板错。

处理安全措施：母联保护改信号。

可能原因：

（1）开入开出：软件不匹配、硬件故障。

（2）CPU：硬件原因。

检查分析：

（1）一般都是保护装置自身硬件故障，联系厂家更换对应的插件即可。

（2）保护程序或配置与实际硬件不匹配也可能发生上述故障。

消缺及验证：

（1）开入开出故障：升级程序或更换板件，进行完整的后台通信测试；

（2）CPU故障：更换板件，进行完整的保护功能测试。

3. 保护装置与合并单元 SV 链路中断

故障现象：保护装置发 SV 链路中断。

处理安全措施：母联保护改信号；若因合并单元问题引起，则对应的母差改信号。

可能原因：

（1）合并单元：软件原因、CPU 板件故障、电源板件故障、通信板件故障。

（2）保护装置：软件原因、CPU 板件故障、电源板件故障、通信板件故障。

（3）光纤或熔接口故障。

检查分析：

（1）检查后台，若合并单元有异常信号或多套与该合并单元相关的保护装置有 SV 断链信号，则初步判断为合并单元故障，检查合并单元。

（2）若仅有本间隔保护 SV 链路中断信号，则检查光纤是否完好，光纤衰耗、光功率是否正常。若异常，则判断光纤或熔接口故障。

（3）在合并单元 SV 发送端抓包，若抓包报文异常，则判断为合并单元故障。

（4）在保护装置 SV 接收端光纤处抓包，若报文正常，则判断为保护装置故障。

消缺及验证：

（1）合并单元故障：升级程序或更换板件。若电源板故障，更换后做电源模块试验，并检查所有与合并单元相关的链路通信是否正常及相关保护的采样值是否正常；若程序升级或更换 CPU 板、通信板，更换后进行完整的合并单元测试。

（2）保护装置故障：升级程序或更换板件。若电源板故障，更换后做电源模块试验，并检查所有与保护装置相关的链路通信是否正常及保护的采样值是否正常；若升级程序或更换 CPU 板、通信板，更换后进行完整的保护功能测试。

（3）光纤或熔接口故障：更换备芯或重新熔接光纤，更换后测试光功率正常，链路中断恢复。

4. 采样异常、采样无效

故障现象：保护装置显示保护采样值与实际不符或者无采样数据、采样无效闭锁母联保护。

处理安全措施：母联保护改信号。

可能原因：

（1）母联合并单元：软件原因、插件故障等。

（2）母联保护：软件原因、SV 板故障等。

检查分析：

（1）查看后台，与母联合并单元相连的其它装置报采样无效或母联合并单元本身有异常信号上送，可初步判断为母联合并单元故障。

（2）在母联合并单元处抓包，若无报文或报文异常，可判断为母联合并单元故障。

（3）检查采样异常的间隔合并单元与保护装置之间的光纤是否完好，光纤衰耗、光功率是否正常。若异常，则判断光纤或熔接口故障。

（4）在母联保护接收光纤处抓包，若报文正常，可判断为母联保护异常。

消缺及验证：

（1）母联合并单元故障：升级程序或更换板件。若电源板故障，更换后做电源模块试验，并检查所有与保护、测控装置相关的链路通信是否正常及其采样值是否正常，若更换 CPU 板、通信板，更换后进行合并单元功能测试。

（2）母联保护故障：升级程序或更换板件。若电源板故障，更换后做电源模块试验，并检查所有与保护装置相关的链路通信是否正常及保护的采样值是否正常；若更换 CPU 板、通信板，更换后进行保护功能测试。

（3）光纤或熔接口故障：更换备芯或重新熔接光纤，更换后测试光功率正常，链路中断恢复。

5. 站控层通信中断

故障现象：保护装置与后台或远动通信中断，保护信息不能正常上送后台或远动。

处理安全措施：

（1）后台异常：联系后台厂家处理。

（2）交换机异常：联系交换机厂家处理。

（3）保护装置异常：按保护装置检修处理。

可能原因：

（1）后台异常；

（2）交换机故障；

（3）保护装置故障。

检查分析：

（1）查看后台，看是否同时有多个装置与后台发生通信中断，若是则需查看交换机是否出现异常。

（2）若交换机正常，可在后台直接 Ping 保护装置 IP 地址。若正常，则为保护装置与后台直接通信异常，需抓取 mms 报文进行分析。

（3）若直接从装置网口 Ping 不通保护装置，则为保护装置故障。

消缺及验证：

（1）后台异常：联系后台厂家进一步排查。

（2）交换机故障：联系交换机厂家进一步排查。

（3）保护装置故障：需更换板件或升级程序。若电源板故障，则更换电源板后做电源模块试验，并检查所有与保护装置相关的链路通信是否正常及保护的采样值是否正常，以及装置与后台、远动的通信情况；若程序升级或更换CPU板、通信板，更换后进行保护功能测试。

6. 对时异常

故障现象：装置发"对时异常"信号。

处理安全措施：无。

检查分析：

（1）检查同一条对时线上的装置对时是否正常，若不正常，判断对时装置接过来的对时线故障或其对时口故障。

（2）若其它装置对时正常，检查保护装置对时设置。

（3）若对时设置及接线均正确，对时信号也已正常发送到装置，则判断保护对时口故障。

可能原因：

（1）保护装置故障。

（2）对时装置问题。

（3）对时线故障。

消缺及验证：

（1）保护装置故障：则更换对时对应板卡，更换后查看对时状态。

（2）对时装置问题：更换对时模块，更换后查看对时状态。

（3）对时线问题：更改对时接线，更换后查看对时状态。

四、110kV 母分保护异常缺陷处理

110kV 母分保护异常缺陷处理安全措施：110kV 母分保护按单套配置，当母分保护装置异常时，母分间隔将失去保护，检修安全措施主要考虑将110kV母分改冷备用。

110kV母分保护异常缺陷处理参照220kV母联保护异常缺陷处理部分。

五、案例分析

缺陷现象：某220kV站内的110kV母分保护告警灯亮。

处理安全措施：110kV母分保护改信号。

检查分析：

（1）110kV母分保护装置为保测一体装置，检查装置告警信息为合并单元失步，同时母分合并单元也有告警灯亮。

（2）结合后台告警信息，确认母分保护装置告警为母分合并单元同步异常引起。

消缺验证：

（1）查看母分合并单元配置，分析原因为合并单元的B码奇、偶校验码设置不合理，在同步时钟信号波动时会引起合并单元频繁自检告警同步异常。

（2）更改合并单元同步设置，从"奇校验"改为"无校验"，装置恢复正常。

第六节　备自投装置异常缺陷处理

一、备自投装置异常信号

常见的备自投装置异常信号如表3-5所示。

表3-5　　　　　　　　　　　备自投装置异常信号一览表

装置	异常信号
备自投装置	保护死机：硬件原因导致的死机
	保护异常：存储器错误，开入开出异常，程序校验错误、监视模块告警，内部通信异常，HMI模件异常，双CPU通信异常，主从CPU状态不一致、开入异常
	SV总告警：SV采样数据异常

装置	异常信号
备自投装置	链路中断：SV 采样链路中断，X 侧电压 SV 采样链路中断，X 侧 SV 采样链路中断（电流）；过程层 A 网 GOCB—XXX 号 GOOSE 接收断链
	开入异常：开关位置开入异常、闭锁自投开入异常
	站控层通信中断
	对时异常：B 码对时异常

二、备自投异常缺陷处理

1. 装置死机

故障现象：保护装置无法进行正常操作。

处理安全措施：备自投装置改信号。

检查分析：

（1）装置失电告警触点闭合，装置失电。

（2）装置面板 CPU 运行灯熄灭，保护 CPU 插件死机。

消缺及验证：

（1）若电源板故障，则更换后做电源模块试验，并检查所有与保护相关的链路通信是否正常。

（2）若升级程序或更换 CPU 板，则更换后进行完整的线路保护功能测试。

2. 链路中断

缺陷现象：备自投装置"告警"灯亮。

处理安全措施：备自投改信号。

可能原因：

（1）备自投装置故障。

（2）链路对侧装置故障。

（3）交换机故障，光纤链路故障。

检查分析：

（1）就地监控后台，查看 GOOSE 和 SV 链路通信二维表。

（2）若备自投装置故障，则二维表中与备自投 GOOSE 和 SV 通信均为中断状态。

（3）若只有单条链路中断，则可能为对侧装置或光纤回路故障。

（4）采用抓包方式检查，在对侧装置处抓包，若无报文或报文异常，可判断为对侧装置故障。

（5）在备自投接收光纤处抓包，若报文正常，可判断为备自投故障。

消缺及验证：

（1）备自投装置故障：若电源板故障，更换后做电源模块试验，并检查所有与保护装置相关的链路通信是否正常；若升级程序或更换 CPU 板、通信板，更换后需进行完整的保护功能测试；若其它插件故障，更换后需测试该插件的功能。

（2）对侧装置故障：若电源板故障，则更换后做电源模块试验，并检查所有与该装置相关的链路通信是否正常及相关保护的采样值是否正常；若升级程序或更换 CPU 板、通信板，更换后需进行完整的装置测试；若其它插件故障，更换后需测试该插件的功能。

（3）光纤或熔接口故障，则更换备芯或重新熔接光纤，更换后测试光功率正常，链路中断恢复。

3. 开入异常

缺陷现象：装置"告警"灯亮，发装置异常信号。

处理安全措施：备自投保护改信号。

可能原因：

（1）备自投装置异常：开入插件异常。

（2）智能终端异常：软件原因、CPU 板件故障、通信板件故障、其它插件故障。

（3）主变压器保护异常：软件原因、CPU 板件故障、通信板件故障、其它插件故障。

检查分析：

（1）如报×××位置异常，装置面板告警灯点，是因为装置跳位且有流，则检测开关位置回路亮。

（2）如报×××拒跳，装置面板告警灯点亮，是因为装置跳令发出后5s内未收到跳位，则检测跳闸回路及开关位置回路。

（3）如报备投充电不成功告警，装置面板告警灯点亮，当自检功能投入时是因为备自投功能投入时超过20s仍未充电完成，则检测充放电条件。

（4）控制回路异常告警，装置面板告警灯点亮，是因为分段开关跳位与合位同时为1或0，则检测分段开关位置回路。

（5）弹簧未储能告警，装置面板告警灯点亮，是因为连续20s收到弹簧未储能开入，则检测弹簧未储能开入。

（6）GPS脉冲消失，是因为检测不到对时信号，检测GPS对时信号和装置对时方式。

消缺及验证：

（1）位置异常：若外部电缆开入信号不符合现实情况，则检查外部回路，修正后位置异常消失，做传动试验。

（2）位置异常：若是过程层开入插件故障，则更换过程层开入插件，更换后检查备自投装置内开入量。

（3）拒跳：排查跳闸回路，若是操作插件问题，则更换操作插件；查看开关位置回路故障，若是开入插件问题，则更换开入插件，更换后进行传动试验。

（4）充电不成功：检查充电功能压板和控制字是否投入，并检查开关跳合位开入是否符合充电条件，修正后正常充电即可。

（5）控制回路异常：检查跳合位监视回路，若是过程层操作插件故障，则更换操作插件，更换后进行传动试验。

三、案例分析

缺陷现象：运行值班员遥控分 110kV 进线 1 开关后发生 BZT 误动作信号。

处理安全措施：110kV 备自投改信号。

可能原因：备自投程序逻辑错误；备自投虚端子连线错误。

检查分析：检查整站 SCD 文件，发现手分闭锁备自投虚端子连线错误，如图 3-6 所示。

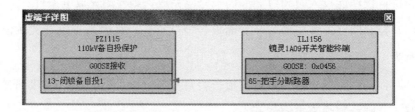

图 3-6　错误的 SCD 虚端子连线

在 BZT 正常调试中模拟充电的情况下，通过就地手分 110kV 进线 1 开关确实能放电，但遥控分闸时却不放电，会造成备自投误动，正确的 SCD 虚端子连线如图 3-7 所示。

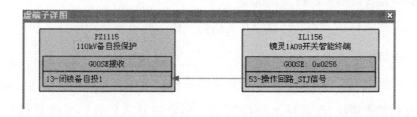

图 3-7　正确的 SCD 虚端子连线

第四章

智能终端异常缺陷处理

第一节 智能终端概述

一、智能终端简述

智能终端（smart terminal）与一次设备采用电缆连接，与保护、测控等二次设备采用光纤连接，实现对一次设备的测量、控制等功能。智能终端具有以下作用：

（1）智能终端具有开关量（DI）和模拟量（AI）采集功能，输入量点数可以根据工程需要灵活配置；开入量输入采用强电方式采集；模拟量输入应能接收 4～20mA 电流量和 0～5V 电压量。

（2）智能终端具有开入量（DO）输出功能。

（3）智能终端具有断路器控制功能。

（4）智能终端具备断路器操作箱功能，包括分合闸回路、合后监视、重合闸、操作电源监视和控制回路断线监视等功能。

（5）智能终端具有完整的跳闸回路监测功能。

（6）智能终端具有信息转换和通信功能。

二、智能终端异常信号

常见的智能终端异常信号如表 4-1 所示。

表 4-1 智 能 终 端 异 常 信 号

装置	故障信息
智能终端	硬触点：装置失电、装置闭锁
	控制回路断线
	逻辑设备 X 掉线（GOOSE 接收断链信号，10 个）

第二节　智能终端异常缺陷处理

一、220kV 线路（主变压器）智能终端异常缺陷处理

1. 装置失电

故障现象：智能终端与其它装置通信中断，面板信号灯全灭。

影响设备：对应的线路（主变压器）、母差保护及测控装置。

处理安全措施：对应的线路（主变压器）、母线保护退出接收该智能终端的 GOOSE 接收压板。

运维人员处理：线路（主变压器）、母差保护改信号，放上检修硬压板，重启装置。

可能原因：

（1）装置电源板故障。

（2）装置直流空气开关故障。

检查分析：

（1）检查后台，确认是否有装置故障（失电）告警信号；若无，则用万用表测量装置电源空气开关与装置电源板各处的直流电压值。

（2）若空气开关上、下端直流电压不一致，则空气开关故障。

（3）若装置电源端子上直流电压值正常，则确认为装置电源板故障。

消缺及验证：

（1）装置故障：需更换电源板，更换后做电源模块试验，并检查所有与合并单元相关的链路通信是否正常。

（2）空气开关故障：更换后确认装置能正常启动。

2. 装置闭锁

故障现象：智能终端发"装置异常"信号至监控后台，装置本身"装置告警"红灯亮。

影响设备：对应的线路（主变压器）、母差保护及测控装置。

处理安全措施：对应的线路（主变压器）、母线保护退出接收该智能终端的 GOOSE 接收压板。

运维人员处理：线路（主变压器）、母差保护改信号，放上检修硬压板，重启装置。

可能原因：装置硬件故障或软件故障。

检查分析：检查监控后台，确认和其通信的装置均报通信中断，再检查装置运行灯灭，告警灯点亮。

消缺及验证：

装置异常：由厂家检查确认故障原因，检查所有与智能终端相关的链路通信是否正常；若开入、开出板故障，则更换后验证二次回路是否正常；若升级程序或更换 CPU 板，更换后需进行完整的智能终端测试。

3. 控制回路断线

故障现象：后台报"控制回路断线"信号，装置面板该信号灯亮。

处理安全措施：无。

可能原因：

（1）空气开关故障。

（2）二次电缆回路：接线松动、脱落、绝缘、接地等。

检查分析：

（1）检查后台，确认是否有直流异常告警信号；如无，则初步确认为控制电源异常。

（2）检查控制电源空气并关是否跳闸，如空气开关正常则检查空气开关上、下端直流电压值是否正常。若上端异常，则检查外部直流电缆回路直至直流屏；如下端异常，则判断为空气开关故障。

（3）若空气开关正常，则初步确认为操作回路出现异常。

（4）检查端子排跳合位监视回路电位是否正确，对电位不正确的回路进行检查。

消缺及验证：

（1）空气开关故障：更换空气开关，确认直流电压值正确、控制回路失电信号返回。

（2）二次电缆回路故障：检查二次回路，消除缺陷后确认直流电压值正确、控制回路失电信号返回。

4. 链路中断

故障现象：后台 GOOSE 二维表报该套智能终端 GOOSE 中断，智能终端面板 GOOSE 异常灯亮。

处理安全措施：停用对应的线路（主变压器）保护、母线保护，取下智能终端跳闸出口硬压板。

可能原因：

（1）保护装置：死机、GOOSE 发送板异常、光口损坏、光口衰耗过大等。

（2）智能终端：GOOSE 接收板异常、光口损坏、光口衰耗过大等。

（3）光纤：折断等。

（4）SCD 配置：连线错误、光口配置错误、漏配等。

检查分析：

（1）检查后台 GOOSE 二维表，确认引起链路中断的保护为线路（主变压器）保护还是母线保护。

（2）如果引起链路中断的保护为线路（主变压器）保护，则在线路（主变压器）保护 GOOSE 光纤发送处抓包，如果抓包的数据错误，则为线路（主变压器）保护发送光口异常。如果抓包的数据正确，则在智能终端 GOOSE 光纤接收处抓包，如果抓包的数据错误，则判断光纤异常；如果抓包的数据正确，则判断智能终端出现异常。

（3）如果引起链路中断的保护为母线保护，则在母线保护 GOOSE 光纤发送处抓包，如果抓包的数据错误，则为母线保护发送光口异常。如果抓包的数据正确，则在智能终端 GOOSE 光纤接收处抓包，如果抓包的数据错误，则判断光纤异常；如果抓包的数据正确，则判断智能终端出现异常。

（4）检测该智能终端 GOOSE 的接收配置和保护装置的发送配置，判断 GOOSE 报文的配置是否正确。

消缺及验证：

（1）保护装置故障：先重启保护装置，检测光口衰耗，更换光口及 GOOSE 发送板。

（2）智能终端故障：先检测光口衰耗，更换光口及 GOOSE 接收板。

（3）光纤是否完好，松动等，更换备用芯。

（4）查看 SCD 连线是否正确，更改报文配置，更改光口设置。

二、110kV 线路智能终端异常缺陷处理

110kV 线路智能终端按单套配置，当线路智能终端装置异常时，线路将失去保护，检修安全措施主要考虑将 110kV 线路改冷备用。

110kV 线路智能终端缺陷处理参照"220kV 线路智能终端异常缺陷处理"部分。

三、母设智能终端异常缺陷处理

1. 装置失电

故障现象：智能终端与其它装置通信中断，面板信号灯全灭。

影响设备：无。

处理安全措施：无。

运维人员处理：放上检修硬压板，重启装置。

可能原因：

（1）装置电源板故障。

（2）装置直流空气开关故障。

检查分析：

（1）检查后台，确认是否有装置故障（失电）告警信号；若无，则用万用表测量装置电源空气开关与装置电源板各处的直流电压值。

（2）若空气开关上、下端的直流电压不一致，则空气开关故障。

（3）若装置电源端子上直流电压值正常，则确认为装置电源板故障。

消缺及验证：

（1）装置故障：需更换电源板，更换后做电源模块试验，并检查所有与合并单元相关的链路通信正常。

（2）空气开关故障：更换后确认装置正常启动。

2. 装置闭锁

故障现象：智能终端发"装置异常"信号至监控后台，装置本身"装置告警"红灯亮。

影响设备：无。

处理安全措施：无。

运维人员处理：放上检修硬压板，重启装置。

检查分析：检查监控后台，确认与其通信的装置均报通信中断；再检查装置运行灯灭，告警灯点亮。

可能原因：装置硬件故障或软件故障。

消缺及验证：

装置异常：由厂家检查确认故障原因，检查所有与智能终端相关的链路通信正常；若开入、开出板故障，更换后验证二次回路正常；若升级程序或更换

CPU 板，更换后需进行完整的智能终端测试。

四、主变压器本体智能终端

1. 装置失电

故障现象：智能终端与其它装置通信中断，面板信号灯全灭。

影响设备：无。

处理安措：无。

运维人员处理：放上检修硬压板，重启装置。

可能原因：

（1）装置电源板故障。

（2）装置直流空气开关故障。

检查分析：

（1）检查后台，确认是否有装置故障（失电）告警信号；若无，则用万用表测量装置电源空气开关与装置电源板各处的直流电压值；

（2）若空气开关上、下端的直流电压不一致，则空气开关故障；

（3）若装置电源端子上直流电压值正常，则确认为装置电源板故障。

消缺及验证：

（1）装置故障：需更换电源板，更换后做电源模块试验，并检查所有与合并单元相关的链路通信正常。

（2）空气开关故障：更换后确认装置正常启动。

2. 装置闭锁

故障现象：智能终端发"装置异常"信号至监控后台，装置本身"装置告警"红灯亮。

影响设备：无。

处理安措：无。

运维人员处理：放上检修硬压板，重启装置。

检查分析：检查监控后台，确认与其通信的装置均报通信中断；再检查装置运行灯灭，告警灯点亮。

可能原因：装置硬件故障或软件故障。

消缺及验证：

装置异常：由厂家检查确认故障原因，检查所有与智能终端相关的链路通信正常；若开入、开出板故障，更换后验证二次回路正常；若升级程序或更换CPU板，更换后需进行完整的智能终端测试。

3. 跳闸出口异常

故障现象：非电量保护动作不出口。

处理安全措施：对应的主变压器各侧智能终端改检修，退出各侧智能终端跳闸出口压板。

检查分析：

（1）检查本体智能终端面板上对应的非电量保护灯是否亮。

（2）如果非电量保护灯不亮，则检查非电量动作触点是否正确接入，检查开入板是否正常工作。

（3）如果非电量保护灯亮，则检查开出板是否正常工作，检查主变压器各侧智能终端是否收到非电量动作信号。

可能原因：

（1）电缆线芯接触不良；

（2）本体智能终端开入、开出插件损坏。

消缺及验证：

（1）结合图纸和现场实际将电缆芯线接好，并验证回路的正确性。

（2）更换本体智能终端开入插件，并做试验验证。

（3）更换本体智能终端开出插件，并做试验验证。

五、案例分析

缺陷现象：220kV ××变电站1号主变压器第一套中压侧智能终端"装置

告警"灯亮，如图 4-1 所示。

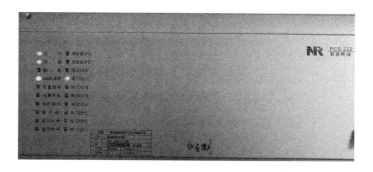

图 4-1　1 号主变压器 110kV 中压侧智能终端

处理安全措施：1 号主变压器第一套保护改信号。

可能原因：

（1）保护装置：死机、GOOSE 发送板异常、光口损坏、光口衰耗过大等。

（2）智能终端：GOOSE 接收板异常、光口损坏、光口衰耗过大等。

（3）光纤：折断等。

（4）SCD 配置：连线错误、光口配置错误、漏配等。

检查分析：

（1）检查后台 GOOSE 二维表，发现该智能终端与主变压器保护 GOOSE 通信中断。

（2）在主变压器保护 GOOSE 光纤发送处抓包，发现抓包数据正常。

（3）在智能终端接受处抓包，收不到抓包数据，故怀疑光纤中断。

消缺及验证：

更换备用光纤后智能终端告警灯灭，后台 GOOSE 通信恢复正常。

第五章

其它装置异常缺陷处理

第一节 其它装置概述

一、保护信息系统

保护信息系统是指安装在厂站端负责与接入设备通信，完成规约转换、信息收集、处理、控制、存储并按要求向主站系统发送等功能的硬件及软件系统，它是故障信息处理系统主要组成部分。故障信息处理系统的组成如图 5-1 所示。

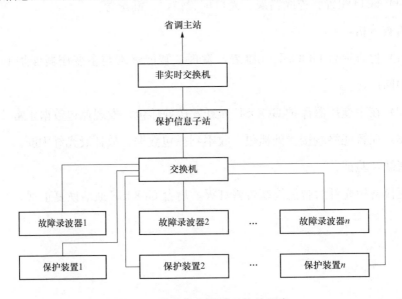

图 5-1 故障信息处理系统的组成

保护信息子站作为继电保护故障信息处理系统中的信息收集及处理单元，是故障信息处理系统的唯一信息收集点，所有的技术应用都以信息的完整及时收集为前提。子站系统必须做到安全、可靠，数据处理速度应能满实际应用的需要。保护信息子站如图 5-2 所示。

图 5-2　保护信息子站

故障录波器（见图 5-3）用于电力系统发生故障时，自动、准确记录故障前、后各种电气量的变化，具体作用如下：

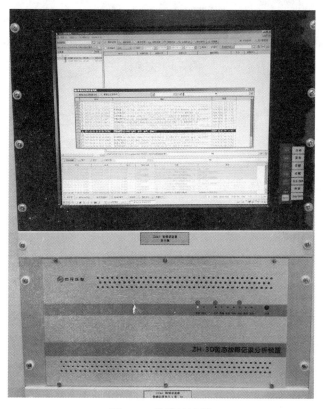

图 5-3　故障录波器

（1）根据所记录的波形，可以正确分析判断电力系统、线路和设备故障发生的确切地点、发展过程和故障类型，以便迅速排除故障及制定防止对策。

（2）分析继电保护和断路器的动作情况，及时发现设备缺陷，揭示电力系统中存在的问题。

（3）积累第一手资料，加强对电力系统规律的认识，不断提高电力系统安全运行水平。

二、交换机

交换机（见图 5-4）是一种用于电（光）信号转发的网络设备，它可以为接入交换机的任意两个网络节点提供独享的电（光）信号通路。

图 5-4　交换机

第二节　保护信息子站异常缺陷处理

一、保护信息子站异常信号

保护信息子站常见的异常信号如表 5-1 所示。

表 5-1　　　　　　　　　　　　　保护信息子站异常信号

装置	异常信息
保信子站	装置死机、电源消失、站控层通信中断

二、保护信息子站异常缺陷处理

1. 装置死机

故障现象：装置死机。

处理安措：无。

可能原因：

系统崩溃、软硬件不兼容、扩展网卡故障、强制关机或掉电。

分析、消缺及验证：

（1）系统崩溃：确认是否硬件问题，重新安装系统。

（2）软硬件不兼容：升级软件程序，消除问题。

（3）扩展网卡故障：重新安装网卡驱动。

（4）强制关机或掉电：重新安装系统，严格按照正确步骤关/开机。

2. 站控层通信中断

故障现象：通信中断。

处理安措：无。

可能原因：

（1）网线或网口松动。

（2）交换机故障。

（3）保护更换模型文件。

分析、消缺及验证：

（1）网线或网口松动：确认是否网口或网线松动，重新固定插入。

（2）交换机故障：确认是否交换机故障，重启交换机尝试修复。如通信依旧未恢复，则中断请联系厂家更换。

（3）保护更换模型文件：确认保护是否更换模型，如确定更换，则联系厂家更新子站模型，并说明更换理由。

3. 电源消失

故障现象：装置失电。

处理安措：无。

可能原因：

（1）电源线或电源模块损坏。

（2）装置直流空气开关故障。

检查分析：

（1）检查后台，确认是否有装置故障（失电）告警信号；若无，则用万用表测量装置电源空气开关与装置电源板各处直流电压值。

（2）若空气开关上、下端直流电压不一致，则空气开关故障。

（3）若装置电源端子上直流电压值正常，则确认为装置电源板故障。

消缺及验证：

（1）装置故障：需更换电源板，更换后做电源模块试验，并检查所有与合并单元相关的链路通信正常。

（2）空气开关故障：更换后确认装置正常启动。

第三节　故障录波器异常缺陷处理

一、故障录波器异常信息

故障录波器常见的异常信号如表 5-2 所示。

表 5-2　　　　　　　　　　故障录波器异常信号

装置	异常信息
故障录波器	装置死机、链路中断、重启、开入异常、采样异常、站控层通信中断、同步异常、与主站通信中断

二、故障录波器异常缺陷处理

1. 装置死机、重启

故障现象：装置无法进行正常操作。

处理安全措施：断开故障录波器的录波启动、装置异常告警开出接点。

可能原因：装置故障、装置电源空气开关跳闸、软件原因。

检查分析：

（1）检查故障录波器死机/重启是否与外接信号有关，断开所有接入报文。若仍死机/重启，则初步判断为装置自身软件和硬件引起，否则说明由外部报文输入触发。

（2）对于装置自身原因，需进一步检查电源（输入输出）、其他硬件（内存、硬盘、插件）、软件。

（3）对于外部输入原因，需要检查报文是否有效（时间序列、内容、流量）。如果报文一切正常，则可能是报文触发了装置的潜在异常。

消缺及验证：

（1）检查电源端子处的输入电压，电源屏与电源端子之间连线是否完好。排除接触不良、电压不足等问题。

（2）检查装置电源模块输出是否达到设计要求，排除因模块老化、抗干扰能力不足、输出功率不足或不稳定，使装置无法正常运行。

（3）检查内存、硬盘、其他插件是否安装良好，装置温度是否在正常范围内，排除因硬件异常导致的装置自复位。

（4）检查软件是否有相关界面提示或跟踪信息可供参考。

（5）手动启动试验，主站调阅试验。

2. 开入异常

故障现象：故障录波器内显示的开入量与实际不符。

处理安全措施：断开故障录波器的录波启动、装置异常告警开出触点、退出相关开关量启动定值。

可能原因：

（1）GOOSE 开入报文的发送端故障。

（2）故障录波器故障。

检查分析：

（1）检查后台，若多套与该 GOOSE 报文相关的其他装置有开入异常信号，则初步判断为该 GOOSE 发送端故障。

（2）在故障录波器 GOOSE 报文接收端抓包，若抓包报文异常，则初步判断为该 GOOSE 发送端故障；若报文正常，则为故障录波器故障。

消缺及验证：

（1）GOOSE 发送端故障：升级程序或更换板件。若电源板故障，更换电源板后需做电源模块试验，并检查所有与合并单元相关装置的采样值正常；若升级程序或更换 CPU 板、通信板，更换后进行完整的合并单元测试。

（2）故障录波器故障：升级程序或更换板件。若电源板故障，更换电源板后需做电源模块试验，并检查所有 SV 接收与计算采样值正常；若升级程序或更换 CPU 板、通信板，更换后进行完整的录波功能测试。

3. 采样异常

故障现象：故障录波器内显示的采用值与实际不符。

处理安全措施：断开故障录波器的录波启动、装置异常告警开出接点、退出相关采样值启动定值。

可能原因：

（1）合并单元故障。

（2）故障录波器故障。

检查分析：

（1）检查后台，若多套与该合并单元相关的保护装置有采样异常信号，则初步判断为合并单元故障。

（2）在故障录波器 SV 报文接收端抓包，若抓包报文异常，则初步判断为合并单元故障，若报文正常则为故障录波器故障。

消缺及验证：

（1）合并单元故障：升级程序或更换板件。若电源板故障，更换电源板后需做电源模块试验，并检查所有与合并单元相关装置的采样值正常；若升级程序或更换 CPU 板、通信板，更换后进行完整的合并单元测试。

（2）故障录波器故障：升级程序或更换板件。若电源板故障，更换电源板后需做电源模块试验，并检查所有 SV 接收与计算采样值正常；若升级程序或更换 CPU 板、通信板，更换后进行完整的录波功能测试。

4．主站通信中断

故障现象：故障录波器与主站通信中断。

处理安全措施：无。

可能原因：

（1）故障录波器故障。

（2）故障录波器至省调接入网非实时交换机的链路故障。

（3）省调接入网非实时交换机至省调网关路由器之间的设备故障，包括纵向加密装置。

（4）主站自动化策略配置错误。

检查分析：

（1）检查故障录波器是否异常，如有异常及告警信息，则为故障录波器故障。

（2）用 Ping 命令，检查故障录波器至省调接入网非实时交换机是否能够 Ping 通。若无法 Ping 通，则为此区间故障，逐一排查此区间设备。

（3）用 Ping 命令，检查省调主站至省调接入网非实时交换机是否能够 Ping 通。若无法 Ping 通，则为此区间故障，逐一排查此区间设备。

消缺及验证：

（1）交换机故障：升级程序或更换装置。若电源板故障，更换电源板后需做电源模块试验，并检查所有网口通信正常；若升级程序或更换装置，更换后进行完整的交换机功能测试。

（2）网线连接异常：更换备用网线，更换通信恢复。

（3）策略配置错误：按照变电站配置策略，客户端收到 Ping 响应，通信恢复。

5. 同步异常

故障现象：故障录波器与 GPS 时间不一致。

处理安全措施：无。

可能原因施：故障录波器故障或 GPS 故障。

检查分析：

（1）检查时钟设备信号输入有效性，若多套与故障录波器接收相同时钟信号输出板的装置也有采样同步异常信号，则初步判断为同步时钟故障；若其他装置无告警，则用同步信号测试仪验证信号是否有效。

（2）对时信号有效时，检查故障录波器对时配置，如果时钟选择与输入相符，则为故障录波器故障。

消缺及验证：

（1）时钟设备故障：升级程序或更换板件。若电源板故障，则更换电源板后需做电源模块试验，并检查所有同步输出口的信号是否有效；若升级程序或更换 CPU 板、扩展板，则更换后进行完整的时钟设备测试。

（2）故障录波器故障：升级程序或更换板件。若电源板故障，则更换电源板后需做电源模块试验，并检查所有对时功能正常；若程序升级或更换 CPU 板、对时板，则更换后进行完整的录波功能测试。

三、案例分析

故障现象：220kV 线路故障录波器与主站通信中断。

可能原因：

（1）故障录波器故障。

（2）故障录波器至省调接入网非实时交换机的链路故障。

（3）省调接入网非实时交换机至省调网关路由器之间的设备故障，包括纵向加密装置。

（4）主站自动化策略配置错误。

检查分析：

（1）检查与该故障录波器通信使用相同交换机的其他装置，发现其它装置通信正常，则初步确定是该故障录波器或至交换机链路原因引起。在故障录波器上 Ping 站内其它故障录波器的地址，发现不通，如图 5-5 所示。

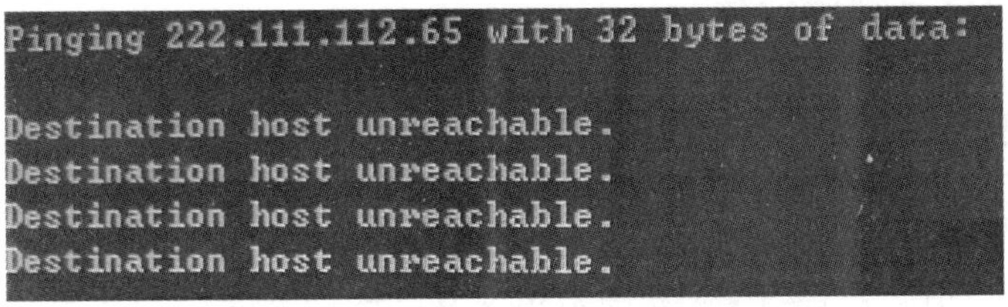

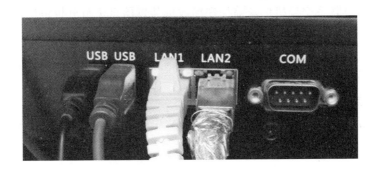

图 5-5 故障录波器 Ping 命令

（2）检查该故障录波器的网络连接，发现网络连接指示灯不亮，则初步判断为网线连接异常，如图 5-6 所示。

图 5-6 故障录波器上 LAN2 指示灯灭

消缺及验证：

发现装置背板 LAN2 口网线松动，插紧后恢复正常。

第四节　交换机异常缺陷处理

一、交换机异常故障信息

交换机常见的异常信号如表 5-3 所示。

表 5-3 　　　　　　　　　　　交 换 机 异 常 信 号

装置	异常信息
交换机	交换机故障或电源消失

二、交换机异常缺陷处理

故障现象：后台报"交换机故障"，交换机"ALARM"灯亮，通过交换机传输的数据通信均报异常。

处理安全措施：将与交换机有数据交互的保护改信号。

检查分析：

（1）检查交换机工作电源是否正常，若异常则检查电源回路。

（2）检查交换机异常信号灯是否点亮或异常硬接点是否闭合。

（3）及时联系交换机厂家前往现场收集装置信息进行分析定位。

消缺及验证：

（1）若为电源模块故障，则更换电源模块后做电源模块试验，并检查所有通过交换机的链路通信是否正常。

（2）若更换交换机，则需验证 VLAN 功能，确认保护装置 SV、GOOSE 通信链路正常。

三、案例分析

事故现象：110kV××变后台发"2 号主变压器 10kV Ⅱ段母线开关，Ⅲ段母线开关测控装置 GOOSE，SV 告警；1 号主变压器 10kV 测控装置 GOOSE，SV 告警。"

处理安全措施：110kV 备自投改信号，10kV 母分备自投改信号。

可能原因：过程层交换机故障。

检查分析：

（1）检查 2 号主变压器 10kV Ⅱ 段母线开关，Ⅲ 段母线开关测控装置，1 号主变压器 10kV 测控装置面板，发现这些装置确实已发生 GOOSE、SV 断链。

（2）查看这些测控装置的信号采集模式，发现都是通过控制室过程层交换机和 10kV 过程层交换机进行网络采样的，如图 5-7 所示。

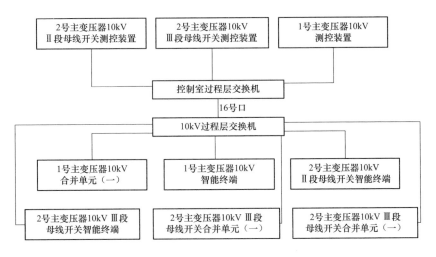

图 5-7　网络连接示意图

（3）检查控制室过程层交换机时，发现过程层交换机的 16 后端口的工作指示灯灭，如图 5-8 所示。

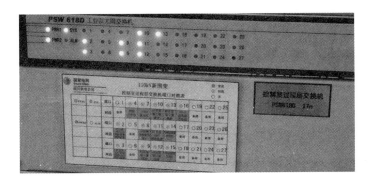

图 5-8　过程层交换机告警图

（4）通过查看交换机端口对照表，发现该光口是与 10kV 过程层交换机的级联口。拔出该口光纤，用手持式继电保护测试仪检测光纤上的数据信号，发现数据信号均正常，因此确定是该交换机的 16 号端口故障引起。

消缺及验证：

直接更换该交换机，检查后台 GOOSE 二维表，通信均正常，缺陷消除。

附录 A　220kV 智能变电站继电保护异常缺陷停役处理规则

本附录以 220kV 智能变电站为范本，220kV 采用双母线、110kV 及 35kV 采用单母分段方式的接线方式。

一、220kV 线路智能设备异常

1. 合并单元异常

故障设备：220kV 线路第一（二）套合并单元。

影响设备：线路第一（二）套保护装置、测控装置、电能表、220kV 第一（二）套母差保护装置。

停役原则：将线路第一（二）套纵联保护、线路第一（二）套微机保护及 220kV 第一（二）套母差保护改信号，影响到的遥测及电能表，远动工作负责人报告调度自动化。

2. 智能终端异常

故障设备：220kV 线路第一（二）套智能终端。

影响设备：线路第一（二）套保护装置、第一（二）套合并单元、测控装置、220kV 第一（二）套母差保护装置。

停役原则：将线路第一（二）套纵联保护、线路第一（二）套微机保护、重合闸及 220kV 第一（二）套母差保护改信号，影响到的一次设备遥信位置，远动工作负责人告调度自动化。

3. 线路保护异常

故障设备：220kV 线路第一（二）套保护装置。

影响设备：线路第一（二）套智能终端、220kV第一（二）套母差保护装置。

停役原则：将线路第一（二）套纵联保护、线路第一（二）套微机保护改信号。（重合闸出口压板只有第一套有的，第一套保护装置故障时，应将线路重合闸改信号）

4. 过程层交换机异常

故障设备：220kV线路过程层A（B）网交换机。

影响设备：线路第一（二）套智能终端、第一（二）套合并单元、第一（二）套保护装置、测控装置、电能表及220kV第一（二）套母差保护装置。

停役原则：将220kV第一（二）套母差保护改信号，影响到的一次设备遥信位置、遥测及电能表，远动工作负责人告调度自动化。

二、220kV母联智能设备异常

1. 合并单元异常

故障设备：220kV母联第一（二）套合并单元。

影响设备：220kV母联第一（二）套充电解列保护装置、测控装置、220kV第一（二）套母差保护装置。

停役原则：将220kV第一（二）母差保护改信号、检查220kV母联第一（二）套充电解列保护确在信号状态，影响到的遥测，远动工作负责人告调度自动化。

2. 智能终端异常

故障设备：220kV母联第一（二）套智能终端。

影响设备：220kV母联第一（二）套充电解列保护装置、第一（二）套合并单元、测控装置、220kV第一（二）套母差保护装置。

停役原则：将220kV第一（二）套母差保护改信号、检查220kV母联第一（二）套充电解列保护确在信号状态，影响到的一次设备遥信位置，远动工作负责人告调度自动化。（影响电压并列功能，电压不能并列）

3. 微机保护异常

故障设备：220kV 母联第一（二）套充电解列保护装置。

影响设备：220kV 母联第一（二）套智能终端、第一（二）套合并单元。

停役原则：将 220kV 母联第一（二）套充电解列保护改信号状态。

4. 过程层交换机异常

故障设备：220kV 母联过程层 A（B）网交换机。

影响设备：220kV 母联第一（二）套智能终端、第一（二）套合并单元、第一（二）套充电解列保护装置、测控装置及 220kV 第一（二）套母差保护装置。

停役原则：将 220kV 第一（二）套母差保护改信号，影响到的一次设备遥信位置及遥测，远动工作负责人告调度自动化。

三、220kV 母设智能设备异常

1. 合并单元异常

故障设备：220kV 母设第一（二）套合并单元。

影响设备：220kV 正（副）母母设测控装置、220kV 第一（二）套母差保护装置、220kV 各间隔第一（二）套合并单元。

停役原则：将各线路的第一（二）套纵联保护、第一（二）套微机保护、1 号主变压器第一（二）套保护、2 号主变压器第一（二）套保护、220kV 第一（二）套母差保护改信号，影响到的 220kV 母线电压遥测，远动工作负责人告调度自动化。

2. 智能终端异常

故障设备：220kV 正（副）母母设智能终端。

影响设备：220kV 正（副）母母设测控装置、220kV 母设第一（二）套合并单元及 220kV 第一套母差保护。

停役原则：影响到的一次设备遥信，远动工作负责人告调度自动化。（影响电压并列功能，电压不能并列）

3. 微机保护异常

故障设备：220kV第一（二）套母差保护装置。

影响设备：220kV各间隔第一（二）套智能终端、第一（二）套合并单元、第一（二）套保护及220kV母设第一（二）套合并单元。

停役原则：将220kV第一（二）套母差保护由跳闸改为信号、将220kV各间隔第一（二）套保护改信号。

四、主变220kV智能设备异常

1. 合并单元异常

故障设备：主变压器220kV第一（二）套合并单元。

影响设备：主变压器第一（二）套保护装置、主变压器220kV测控装置、220kV第一（二）套母差保护装置。

停役原则：将主变压器第一（二）套保护及220kV第一（二）套母差保护改信号，影响到的遥测，远动工作负责人告调度自动化。

2. 智能终端异常

故障设备：主变压器220kV第一（二）套智能终端。

影响设备：主变压器220kV第一（二）套合并单元、主变压器第一（二）套保护装置、主变压器220kV测控装置、220kV第一（二）套母差保护装置。

停役原则：将主变压器第一（二）套保护及220kV第一（二）套母差保护改信号，影响到的一次设备遥信位置，远动工作负责人告调度自动化。

3. 微机保护异常

故障设备：主变压器第一（二）套保护装置。

影响设备：主变压器220kV第一（二）套智能终端、第一（二）套合并单元、220kV第一（二）套母差保护装置、主变压器110kV第一（二）套智能终端、第一（二）套合并单元、110kV1号母分智能终端、主变压器35kV第一（二）套智能终端、第一（二）套合并单元。

停役原则：将主变压器第一（二）套保护改信号。

4. 过程层交换机异常

故障设备：主变压器220kV过程层A（B）网交换机。

影响设备：主变压器220kV第一（二）套智能终端、第一（二）套合并单元、测控装置、主变压器第一（二）套保护装置及220kV第一（二）套母差保护装置。

停役原则：将220kV第一（二）套母差保护改信号，影响到的一次设备遥信位置及遥测，远动工作负责人告调度自动化。

五、主变压器110kV智能设备异常

1. 合并单元异常

故障设备：主变压器110kV第一（二）套合并单元。

影响设备：主变压器第一（二）套保护装置、主变压器110kV测控装置、110kV母差保护装置。

停役原则：将主变压器第一（二）套保护、110kV母差保护改信号、110kV1号母分充电解列保护由信号改为跳闸（由运行部门提出），影响到的遥测，远动工作负责人告调度自动化。

2. 智能终端异常

故障设备：主变压器110kV第一（二）套智能终端。

影响设备：主变压器110kV第一（二）套合并单元、主变压器第一（二）套保护装置、主变压器110kV测控装置、110kV母差保护装置。

停役原则：将1号主变压器110kV由运行改为冷备用（1号主变压器第二套保护由跳闸改为信号），影响到的一次设备遥信位置，远动工作负责人告调度自动化。

3. 过程层交换机异常

故障设备：主变压器110kV过程层C（D）网交换机。

影响设备：主变压器 110kV 第一（二）套智能终端、第一（二）套合并单元、测控装置、主变压器第一（二）套保护装置、主变压器 35kV 第一（二）套智能终端、第一（二）套合并单元。

停役原则：将 1 号主变压器第二套保护由跳闸改为信号，影响到的一次设备遥信位置及遥测，远动工作负责人告调度自动化。

六、主变压器 35kV 智能设备异常

1. 合并单元异常

故障设备：主变压器 35kV 第一（二）套合并单元。

影响设备：主变压器第一（二）套保护装置、主变压器 35kV 测控装置。

停役原则：将主变压器第一（二）套保护改信号，数字化的 35kV 备自投改信号，影响到的遥测，远动工作负责人告调度自动化。

2. 智能终端异常

故障设备：主变压器 35kV 第一（二）套智能终端。

影响设备：主变压器第一（二）套保护装置、主变压器 35kV 测控装置。

停役原则：将 1 号主变压器 35kV 由运行改为冷备用（包括退出 1 号主变压器第一套保护 1 号主变压器 35kV 电流接收软压板）（1 号主变压器第二套保护由跳闸改为信号），数字化的 35kV 备自投改信号，影响到的一次设备遥信位置，远动工作负责人告调度自动化。

七、主变压器本体智能设备异常

1. 智能终端异常

故障设备：主变压器非电量保护及智能终端。

影响设备：主变压器非电量保护及智能终端、主变压器本体测控装置。

停役原则：将主变压器非电量保护改信号。

2. 合并单元异常

故障设备：主变压器中性点第一（二）套合并单元。

影响设备：主变压器非电量保护及智能终端、主变压器本体测控装置、主变压器第一（二）套保护。

停役原则：将主变压器第一（二）套保护改信号。

八、110kV 线路智能设备异常

1. 合并单元异常

故障设备：110kV 线路合并单元。

影响设备：线路保护测控装置、电能表、110kV 母差保护装置。

停役原则：将对应线路由运行改为冷备用（包括退出 110kV 母差保护对应线路开关电流接收软压板），影响到的遥测及电能表，远动工作负责人告调度自动化。

2. 智能终端异常

故障设备：110kV 线路智能终端。

影响设备：线路保护测控装置、合并单元、110kV 母差保护装置。

停役原则：将对应线路由运行改为冷备用，影响到的一次设备遥信位置，远动工作负责人告调度自动化。

3. 微机保护异常

故障设备：110kV 线路保护测控装置。

影响设备：线路智能终端、合并单元、110kV 母差保护装置。

停役原则：将对应线路由运行改为冷备用，影响到的一次设备遥信位置及遥测，远动工作负责人告调度自动化。

4. 过程层交换机异常

故障设备：110kV 线路过程层 C 网交换机。

影响设备：线路智能终端、合并单元、保护测控装置、电能表及 110kV 母差保护装置。

停役原则：影响到的一次设备遥信位置、遥测及电能表，远动工作负责人告调度自动化。（若有备自投且开关量网络采样，应将备自投改信号）

九、110kV 1 号母分智能设备异常

1. 合并单元异常

故障设备：110kV 1 号母分合并单元。

影响设备：110kV 1 号母分保护测控装置、110kV 母差保护装置。

停役原则：110kV 1 号母分由运行改为冷备用（包括合上 2 号主变压器 110kV 中性点接地刀闸）（包括退出 110kV 母差保护 110kV 1 号母分开关电流接收软压板），影响到的遥测及电能表，远动工作负责人告调度自动化。

2. 智能终端异常

故障设备：110kV 1 号母分智能终端。

影响设备：110kV 1 号母分保护测控装置、合并单元、110kV 母差保护装置。

停役原则：将 110kV 1 号母分由运行改为冷备用（包括合上 2 号主变压器 110kV 中性点接地刀闸），影响到的一次设备遥信位置，远动工作负责人告调度自动化（电压不能并列）。

3. 微机保护异常

故障设备：110kV1 号母分保护测控装置。

影响设备：110kV1 号母分智能终端、合并单元。

停役原则：将 110kV1 号母分保护测控改信号，并汇报调度影响到的一次设备遥信位置及遥测，远动工作负责人告调度自动化。

4. 过程层交换机异常

故障设备：110kV1 号母分过程层 C 网交换机。

影响设备：110kV1 号母分智能终端、合并单元、保护测控装置及 110kV

母差保护装置。

停役原则：若主变压器第一套跳母分为网络跳闸方式，则将 1、2 号主变压器第二套保护由跳闸改为信号，影响到的一次设备遥信位置、遥测，远动工作负责人告调度自动化。

十、110kV 母设智能设备异常

1. 合并单元异常

故障设备：110kV 母设第一套合并单元。

影响设备：110kV 母设测控装置、110kV 母差保护装置、110kV 各线路合并单元、主变压器 110kV 第一套合并单元。

停役原则：将 1 号主变压器第一套保护、2 号主变压器第一套保护改信号，110kV 线路改冷备用，110kV 母差保护改信号，影响到的 110kV 母线电压遥测，远动工作负责人告调度自动化。

故障设备：110kV 母设第二套合并单元。

影响设备：主变压器 110kV 第二套合并单元。

停役原则：将 1 号主变压器第二套保护、2 号主变压器第二套保护改信号。

2. 智能终端异常

故障设备：110kV Ⅰ（Ⅱ）段母设智能终端。

影响设备：110kV Ⅰ（Ⅱ）段母设测控装置、110kV 母设第一（二）套合并单元、110kV 母差保护装置。

停役原则：影响到的一次设备遥信位置，远动工作负责人告调度自动化。

3. 微机保护异常

故障设备：110kV 母差保护装置。

影响设备：110kV 各间隔智能终端、合并单元及 110kV 母设第一（二）套合并单元。

停役原则：110kV 母差保护由跳闸改为信号，110kV1 号母分过流解列保护由信号改为跳闸。

十一、过程层交换机异常

1. 过程层 A 网中心交换机异常

故障设备：过程层 A 网中心交换机（一）。

影响设备：根据变电站交换机的实际配置而定。

停役原则：将 220kV 第一套母差保护由跳闸改为信号。

2. 过程层 B 网中心交换机异常

故障设备：过程层 B 网中心交换机（一）。

影响设备：根据变电站交换机的实际配置而定。

停役原则：将 220kV 第二套母差保护由跳闸改为信号。

3. 过程层 C 网中心交换机异常

故障设备：过程层 C 网中心交换机（一）。

影响设备：根据变电站交换机的实际配置而定。

停役原则：将 1、2 号主变压器第一套保护由跳闸改为信号。

4. 过程层 D 网中心交换机异常

故障设备：过程层 D 网中心交换机。

影响设备：根据变电站交换机的实际配置而定。

停役原则：无。

附录 B 110kV 智能变电站继电保护异常缺陷停役处理规则

本附录以 110kV 智能变电站为范本，采用 110kV 内桥、10kV 单母分段接线方式。

一、110kV 线路智能设备异常

1. 110kV 线路合并单元异常

故障设备：110kV 线路第一套（第二套）合并单元。

影响设备：1 号主变压器第一套（第二套）差动及后备保护、110kV 备自投（仅第一套合并单元故障时）、110kV 线路测控装置。

停役原则：将 1 号主变压器第一套（第二套）保护、110kV 备用电源自动投入装置改信号（仅第一套合并单元故障时），影响到的遥测，远动工作负责人告调度自动化。

2. 110kV 线路智能终端异常

故障设备：110kV 线路智能终端。

影响设备：110kV 备自投、110kV 线路测控装置。

停役原则：将 110kV 线路改为冷备用（故障隔离系正常运行方式，如方式变动请按实际方式调整），可能影响到的一次设备遥信位置，远动工作负责人告调度自动化。将 110kV 备自投改信号。

二、110kV 桥智能设备异常

1. 110kV 桥开关合并单元异常

故障设备：110kV 桥开关第一套（第二套）合并单元。

影响设备：110kV 桥开关保护（仅第一套合并单元故障时）、1 号主变压器第一套（第二套）差动及后备保护、2 号主变压器第一套（第二套）差动及后备保护、110kV 桥开关测控装置。

停役原则：将 1 号主变压器第一套（第二套）保护、2 号主变压器第一套（第二套）保护改信号，并检查 110kV 桥开关保护确在信号状态（仅第一套合并单元故障时），影响到的遥测，远动工作负责人告调度自动化。

2. 110kV 桥开关智能终端异常

故障设备：110kV 桥开关智能终端。

影响设备：110kV 桥开关保护、110kV 备自投、110kV 桥开关测控装置。

停役原则：110kV 桥开关改为冷备用，可能影响到的一次设备遥信位置，远动工作负责人告调度自动化。

3. 110kV 桥保护异常

故障设备：110kV 桥保护。

影响设备：110kV 桥开关智能终端。

停役原则：110kV 桥保护改信号。

三、110kV 母设智能设备异常

1. 110kV 母设合并单元异常

故障设备：110kV 母设第一套（第二套）合并单元。

影响设备：1 号主变压器第一套（第二套）差动及后备保护、2 号主变压器第一套（第二套）差动及后备保护、110kV 进线 1 第一套（第二套）合并单元、110kV 进线 2 第一套（第二套）合并单元、110kV 桥开关第一套（第二套）合并单元、110kV 备自投（仅第一套合并单元故障时）、110kV Ⅰ 段（Ⅱ段）母线母设测控装置。

停役原则：将 1 号主变压器第一套（第二套）保护、2 号主变压器第一套（第二套）保护、110kV 备用电源自动投入装置改信号（仅第一套合并单元故障时），并检查110kV桥开关保护确在信号状态，影响到的遥测，远动工作负责人告调度自动化。

2. 110kV母设智能终端异常

故障设备：110kVⅠ段（Ⅱ段）母线母设智能终端。

影响设备：110kV母设第一套（第二套）合并单元、110kVⅠ段（Ⅱ段）母线母设测控装置。

停役原则：影响到的一次设备遥信位置，远动工作负责人告调度自动化。

四、主变压器智能设备异常

1. 主变压器中性点合并单元异常

故障设备：主变压器中性点第一套（第二套）合并单元。

影响设备：主变压器第一套（第二套）差动及后备保护、主变压器110kV及本体测控装置。

停役原则：将主变压器第一套（第二套）保护改信号。

2. 主变压器非电量保护及智能终端异常

故障设备：主变压器非电量保护及智能终端。

影响设备：主变压器110kV及本体测控装置、110kV备自投。

停役原则：将主变压器非电量保护改信号。

3. 主变压器10kV合并单元异常

故障设备：主变压器10kV第一套（第二套）合并单元。

影响设备：主变压器第一套（第二套）差动及后备保护、10kV1号母分备自投（仅第一套合并单元故障时）、1号主变压器10kV测控装置。

停役原则：将1号主变压器第一套（第二套）保护、10kV1号母分备用电源自动投入装置改信号（仅第一套合并单元故障时），影响到的遥测，远动工作负责人告调度自动化。

4. 主变压器10kV智能终端异常

故障设备：主变压器10kV智能终端。

影响设备：10kV1 号母分备自投、主变压器 10kV 测控装置。

停役原则：将 10kV1 号母分改运行、主变压器 10kV 改冷备用，可能影响到的一次设备遥信位置，远动工作负责人告调度自动化。

5. 主变压器微机保护异常

故障设备：主变压器第一套（第二套）微机保护。

影响设备：110kV 备自投、110kV 线路智能终端、110kV 桥开关智能终端、主变压器 10kV 智能终端、10kV1 号母分备自投。

停役原则：将 1 号主变压器第一套（第二套）微机保护改信号。

6. 过程层交换机异常

故障设备：过程层交换机。

影响设备：根据变电站交换机的实际配置而定。

停役原则：根据变电站交换机的实际配置而定。

五、备自投装置异常

1. 110kV 备自投异常

故障设备：110kV 备自投。

影响设备：110kV 进线 1 智能终端、110kV 桥开关智能终端；110kV 进线 2 智能终端。

停役原则：将 110kV 备用电源自动投入装置改信号。

2. 10kV1 号母分备自投异常

故障设备：10kV1 号母分备自投。

影响设备：1 号主变压器 10kV 智能终端、2 号主变压器 10kV Ⅱ 段母线开关智能终端、10kV1 号母分保护。

停役原则：将 10kV1 号母分备自投改信号。